指文图书®

轻兵器100年

SMALL ARMS 1914–1945

（上）

【美】迈克尔·E·哈斯基尤 著　　李巍　垚滢泽 译

U0911357

人民日报出版社

Copyright ©2012 Amber Books Ltd,London
Copyright in the Chinese language translation (simplified character rights only) © 2014 ChongQing Foresight Information Inc.
This new edition of The Essential Naval Identification Small Arms 1914-1945 published in China is published by arrangement with Amber Books Ltd.Originally published in 2012 by Amber Books Ltd.

本书中文简体字版由英国伦敦安珀图书有限公司授权出版
版权所有 侵权必究
版贸核渝字（2013）第 220 号

图书在版编目（CIP）数据

轻兵器100年. 上 / (美) 哈斯基尤著；李巍，垚滢泽译. -- 北京：人民日报出版社，2014.1
ISBN 978-7-5115-2402-7

Ⅰ. ①轻… Ⅱ. ①哈… ②李… ③垚… Ⅲ. ①轻武器-介绍-世界 Ⅳ. ①E922

中国版本图书馆CIP数据核字(2014)第021993号

书　　名：轻兵器 100 年（上）
作　　者：【美】迈克尔·E·哈斯基尤 著　　李 巍　垚滢泽 译

出 版 人：董　伟
责任编辑：周海燕
封面设计：龚瑶涵

出版发行：人民日报出版社
社　　址：北京金台西路 2 号
邮政编码：100733
发行热线：（010）65369527　65369846　65369509　65369510
邮购热线：（010）65369530　65363527
编辑热线：（010）65369518
网　　址：www.peopledailypress.com
经　　销：新华书店
印　　刷：重庆市蜀之星包装彩印有限责任公司
开　　本：787mm×1092mm　16 开
字　　数：160 千字
印　　张：12
印　　次：2019 年 1 月第 2 版　　2019 年 1 月第 1 次印刷

书　　号：ISBN 978-7-5115-2402-7
定　　价：79.80 元

目　　录

前言

日新月异的轻武器技术深刻影响了20世纪前半叶进行的两次世界大战及20年代至30年代的战争间歇期。

1914年至1918年以及1939年至1945年期间，当时的世界强权在全世界范围内混战一团，寻求争夺欧洲和亚洲的霸权。士兵们手中的步枪或是冲锋枪的不同往往决定了战争的胜败。军事战略家们宏大的计划通常最终被分解为士兵们所进行的单次战斗结果。士兵们竭尽所能，装填并发射他们手里的武器。

在20世纪一开始的时候，现代军队的服役人员就已经更加清晰地意识到他们正面临着各种日益进步的技术。这些技术在陆地、海上和空中都给他们带来了挑战。没有什么地方比战场更能体现人类的聪明才智所带来的深远影响。复装步枪被旋转后拉枪机步枪所取代。典型旋转后拉枪机步枪包括毛瑟、李恩菲尔德、春田步枪以及其他。而由M1伽兰德步枪首开先河，半自动步枪终于于20世纪30年代中期面世。1944年，美国将军小乔治·S·巴顿（1885–1945）评价说伽兰德步枪是“史上所发明的最伟大的战争工具”。

毫无疑问，当时的枪械设计师们对一战以前的那些老步枪所做的改进、提升以至于重新修整都受到了大批已故先辈设计师们的影响。毛瑟步枪变种繁多，在世界范围内能找到很多与之有亲缘关系的枪支。许多在二战各战场上现身的枪支都能将其设计元素追溯至毛瑟格韦尔98型。该型步枪是毛瑟Kar98k的前身，而毛瑟Kar98k是德国国防军在20世纪30年代至二战结束时期内装备的标配步枪。1935年至1945年这10年间，一共制造了1400万支毛瑟Kar98k。

▲ **被包围的俘虏**

一张罕见的彩色照片：法国步兵包围了一群德国俘虏。从图中人物蓝色束腰外衣、抢眼的红色裤子和黑色长筒皮靴的装扮可知，此时为一战前期。法军迟至1915年才换装更为实用的“地平线蓝”制服。

精确度、耐久度和火力是一支步枪成功的三大要素。严酷的战场环境也为设计师们的想象力提供了实证实验场所。早在1941年，德国人就开始了步兵自动武器的研发，其直接产物是Gewehr 41半自动步枪，随后在1943年又根据战场经验改进研发了Gewehr 43半自动步枪。而在1943年，德国人又创新性地研制出了使用中间威力弹的StG-44自动步枪，这是后世大行其道的突击步枪的前身。也正因为这些新设计思路指导下诞生的武器，1939年至1945年期间，半世纪之前发明的旋转后拉式枪机步枪与各种步兵自动武器一道并肩作战。在二战后，步兵自动武器主宰了战场，标志性的卡拉什尼科夫AK-47突击步枪、美制M-16和其他同类武器，塑造出了未来战争的新形态。

机枪恐惧症

也许再也没有任何一种步兵武器能比机枪更能表明：步兵战术如果不能跟上武器发展的脚步，将会发生怎样的惨剧。机枪的使用在一战期间得到扩散。在“收割”生命方面，它的效率史无前例地超越了任何一种轻兵器。从堑壕里发射的机枪在一战期间的消耗战中射杀了那些鲁莽狂热的步兵。英国的“维克斯”机枪和德国的“马克沁”机枪都深受美国出生的发明家海勒姆·马克沁（1840-1916）作品的影响。他后来移居英国并用他发明的高射速强火力自动武器革命性地改变了现代战争。

1916年夏，英国军士查尔斯·奎纳尔在西线战场上遇见了德国机枪，他幸运地活了下来并讲述自己那可怕的经历：“第一波人倒下了”，他回忆道，“两挺机枪对着他们射击，他们完全被一扫而空。每个人不是死就是受伤。我们跟上去。我们已经来到了空旷无人的地带的中间，而这时敌军机枪手发现了我们。他们开始像对付前一波人那样对付我们，就像用水管子浇水一样。最后，我是唯一幸免站在那里的人。”

▲ **奥斯曼人的马克沁**

土耳其步兵在用三脚架架起的马克沁08型机枪旁训练，枪械由其德国盟友提供。

▲ **白刃冲锋**

英联邦军队步兵穿越空旷地带发起刺刀冲锋，刺刀安装在“李恩菲尔德弹匣式短步枪Mk III”上。图片拍摄于1942年10月的阿拉曼战场。

两次世界大战的间歇期中机枪在战场上的神勇表现得到更进一步的提升，容弹量和口径大小都有所改变。20世纪30年代标志性的德国机枪MG34是一件精确度很高的武器，射速也较为可观。它是二战中主要的步兵支援武器之一，也赢得了所有交战对手的尊重；然而增产的需要以及原材料的稀缺导致德国人不得不放宽对精确度的要求并减少机加工工序以便腾出产能制造单兵武器。而M42从其自身的角度来讲确实是款杰出的机枪，改进了MG34的一些缺点和需要完善的地方。而盟军称其为“圆锯”，其射速十分惊人。

从维克斯机枪到布伦轻机枪，英制机枪要么是可靠的一战时期旧武器的升级版，要么就是20世纪30年代研制工作的新产物。维克斯Mk I型及其后继改进型从1912年就在英军中列装，一直服役至20世纪60年代末期。这一型机枪因其高可靠性和皮实耐用的特点在长期的战争中赢得了卓著的声誉。布伦轻机枪的传奇则始于1931年。当时的英国军队正在寻求一种轻机枪。他们选择了一款捷克斯洛伐克设计师的设计，加以改动以便适合英式特点，由此造就了一款二战中最广为人知的自动武器。

在美国，约翰·勃朗宁（1855–1926）的影响广为流传。他设计制造的M1911型11.43毫米（0.45英寸）口径手枪从形制和功能来看时至今日依然是典范。而7.62毫米（0.30英寸）口径勃朗宁自动步枪（BAR）则伴随着美国大兵们经历了二战中每个战场上的风风雨雨。M1919型7.62毫米（0.30英寸）口径中型机枪和M2型12.7毫米（0.50英寸）口径重机枪则在现代武器史册上为自己赢得了一席之地。

苏联自动武器，譬如PPSh–41（波波沙41型）7.62毫米（0.30英寸）口径冲锋枪在二战中被大量制造，它导致了对步兵火力的重新认识。一队每人都装备了自动武器的红军战士的确是可畏的对手。当德国国防军在

▲ **夺岛战争**

1944年9月，在横扫贝里硫岛的战役间隔，一名美国海军陆战队队员将自己7.62毫米口径的勃朗宁M1919中型机枪搁在腿上，跟战友一道，忙里偷闲地抽烟。

东线的进攻狂潮衰退之时，是红军战士们漂亮地向世界证明了大量配有冲锋枪的步兵所具有的巨大战争潜力。

与步枪、机枪以及突击步枪一样，反坦克武器在两次世界大战的间歇期内迅速发展起来，并在第二次世界大战中快速走向成熟。反坦克枪逐渐被淘汰。士兵们更青睐火箭弹、PIAT反坦克发射器或者是发射空心装药战斗部的便携式反坦克武器。各国的反坦克小组装备了巴祖卡火箭筒、铁拳反坦克发射器、战车防御炮。这些装备预示着新一代高性能一次性使用反坦克武器的诞生。而这些新武器正是今天反装甲武器设计的鼻祖。

可怕的技术

尽管在一战以前轻武器技术一直在稳步提升，其进步速度还是受全球战争的刺激而显著加快。这种加速提升只在两次世界大战的间歇期稍微有所减慢。其原因主要是受到了财政紧缩的限制。1914年至1918年期间的高额战争消耗让各国倍感压力。第二次世界大战的到来促进了新的发明，也把更加致命的武器送上了战场。大批量制造的半自动和全自动步枪在战场上与仍在使用的那些单发的老式旋转后拉式枪机步枪争夺着战场主导权。

20世纪的轻武器设计师们在已经被证实的可靠系统上运用自己的独创发明。他们进一步证明了“某些武器被改动得越多，它们其实就更接近原样”。在战场上更快、更有效、更经济地杀死你的敌人是取得胜利的关键所在。但是，如果真能做到这一点，那么该武器自身就与携带它的士兵一道，同样在其战斗任务中效率颇高。

第一章

第一次世界大战：西线及达达尼尔海峡战役

第一次世界大战在全世界范围内的突然爆发造成了无人遇见过的大量生命的损失和毁灭。
西线的堑壕战、同盟国流产的达达尼尔海峡战役都表明了现代化轻武器的毁灭性火力。
19世纪后半叶，武器技术的进步使得轻武器的准确度大为提高，机枪的实用性和有效性也突飞猛进，
造成惊人规模的伤亡。
不幸的是，
战场上的技战术通常并不能考虑到新近发明的
这些武器的致命性。
同盟国和协约国的士兵们都倒在了现代武器的枪口下，他们是已经过时了的战术的牺牲品。

达达尼尔僵持战

1915年的达达尼尔僵持战，英联邦澳新军团的步兵正在位于加里波利半岛的战壕中等待度过暂时平静的时光。该军团全员配备了李恩菲尔德弹匣式短步枪。

导言

一战西线战场上的快速推进很快让位于堑壕中的僵持战。交战双方在筑垒地域前方都付出了巨大的伤亡。

不论是同盟国还是协约国，一战刚开始的时候，双方都并不希望在西线发生一场旷日持久、代价高昂的战争。然而，在世界大战的4年中，各国军队不断现代化的速度人们都明显能够感觉到。法国人纠结于想要夺回在1870年至1871年期间惨败的“普法战争”中失去的阿尔萨斯和洛林省。德国希望获得“阳光下的土地”，并由此在欧洲大陆各国中取得霸权。条约和结盟交织成一张复杂的大网。日益露出苗头的军备竞赛则持续了数十年。世界大战终于于1914年8月爆发。其导火索则是奥匈帝国大公弗兰茨·斐迪南在当年6月底的遇刺事件。

恐怖的技术

战争爆发时，交战各国的军队都在进行实质上的改组。诸如飞机、潜艇和装甲战斗车辆之类的装备正逐渐找到各自在现代战争中的位置。炮兵被分为野战炮兵和重炮兵。久负盛名的法国M1897式75毫米（2.9英寸）火炮是提供轻便、持久的步兵支援火力的典范。围城重炮也是此时的例行装备。庞大的臼炮和榴弹炮被装备部队。譬如英制马克I型大炮，该炮是用海军卸下的炮管重新镗大口径改造而来的。其口径可达200–400毫米（7.9–15.7英寸），甚至更大。马克I型大炮发射的弹药重91千克（200磅），射程9600米（10500码）。

已经过时了的骑兵在战争中所扮演的角色也在改变。他们的荣耀时光已然过去。现在，骑兵被认为是一种作用很小的侦查、战场遮蔽、追击部队；他们对于寻找敌军薄弱可供突入部位的任务来说也没有多大价值了。骑兵不再是令人震惊和生畏的闪电般快捷的打击力量。甚至连骑兵这点仅存的侦查作用也很成问题了，军事“空想”家们现在所认真考虑的是新式武器和新式战术在现代战争中的作用和地位。他们也认为，现在飞

▲ **行军**

1916年在凡尔登地区进军途中休息的法军。法军在“凡尔登战役”中死伤约30万人，与德方的损失基本相当。

▲ **白刃冲锋**

1915年澳大利亚步兵在“达达尼尔海峡战役”中，向着土耳其军队设在加里波利半岛的战壕发动白刃冲锋。图中他们正在穿越无人地带。这次，由于土耳其人已经提前撤离，战壕中并无抵抗。

机在侦查任务中担负着更为主要的角色，稍后的几年，飞机还将接过空战的重任。英国少将J.F.C.富勒（1878–1966）和巴希尔·里德尔·哈特爵士就持这种看法。

除了这些显而易见的武器革新之外，更有效地部署步兵的战术原则也在逐渐发展中。尽管这些战术原则还是远远落后于武器的进步。步兵依然是各国军队1914年的骨干。虽然不同国家战斗步兵师的规模有大有小，一个整编战斗步兵师的人数最多还是可以达到16000人的。他们手上主要的单兵武器是那些旋转后拉枪机的弹匣供弹步枪。如果一名战士的武器设计精良，他所受的训练也过硬，那么这位老练的步枪手就能向朝自己推进的敌军倾泻快到恐怖的毁灭性火力。改进过的武器弹药也得到了运用，特别是优化了弹头外形的全金属被甲弹。刺刀在这一时期仍然是普遍配发给步兵的标准部件。

在轻兵器方面，19世纪晚期最为致命的发明当属机枪。法军在普法战争中大量使用利飞排枪。事实证明这款枪的表现非常令人失望。然而，近期出现的改进技术则被证明杀伤力巨大，特别是美国裔的马克沁所做的一些枪械改进，杀伤力尤其恐怖。同炮兵所造成的实际伤亡一样，机枪在一战西线战场的普及直接导致了伤亡率的激增。除了这些由现代武器造成的明显后果以外，步兵的战斗经验却往往带有非个人的性质。

虽然说步枪是20世纪最主要的步兵武器，而且时至今日它的地位仍未明显削弱，可机枪还是给战场增加了又一个令人恐惧的新维度。那些跃出战壕走进无人地带的部队通常下意识地身体前倾，肩膀缩起，就好像他们走在强风里一样。但实际上，面对着弹幕组成的地狱，这根本没有什么防御可言。

比利时陆军 1914-1915

比利时国王阿尔伯特一世（1875-1934）时期的比利时军队严重超员，装备短缺。他们在列日要塞和那慕尔城长期坚守，打乱了德军的侵略时间表。

当德军跨过边境进入比利时以便攻击法国时，他们根本不在乎比利时这个小国的12万野战军。比利时人其实早就已经打算开始一项为期数年的整编计划。但是战争爆发时，这项工作才刚开始1年而已。

比利时陆军的6个师总共只有102挺机枪可供装备。而每个陆军师下辖4个混成旅；每个旅下辖纯步兵团、纯骑兵团、纯炮兵团各1个，外加工程营、运输单位和电报分队。那些少得可怜的机枪主要是各种版本的马克沁机枪，它们常被装在狗拉小车上。

德国人低估了比利时人抵抗的决心，又完全低估了列日要塞和那慕尔的顽强防御工事，这使他们自己遭到了损失。在列日和那慕尔两地，比利时军队都打乱了德军的进攻节奏，将德军向法军和英国远征军推进的日期拖延了两周。在运河沿岸，比利时人拒不投降，始终没有放弃伊瑟尔河沿岸的一块防御突出部。在四年的堑壕战中，他们一直坚守在那里。比利时军人一般装备有德国毛瑟步枪的一种改型，这种改型全名为“列日市赫斯塔尔国家兵工厂造1889式轻型毛瑟”。这种武器由1889年成立的赫斯塔尔国家兵工厂为比利时政府制造。毛瑟本人制造的第一支步枪是毛瑟1871型，而1889型的研制工作早在19世纪80年代早期就已经开始了。该型毛瑟加装了一个容弹量5发的竖排弹匣、更重的护木和圆形的枪管护罩。

▲ **撤退中**

1914年时沿着一条道路撤退的比利时士兵。比利时军队用狗来拉动机枪和轻型火炮。很多欧洲国家的军队都有用狗来拉小车的习惯。车上装载着弹药、补给和军粮。

尽管毛瑟先生原本希望将毛瑟枪卖给德国政府，但他在竞争中却输给了曼利夏的另一款优秀设计。不论如何，比利时驻德国大使馆的武官随员还是在1884年的巴伐利亚兵器试验活动中看到了这款步枪。因此，国营兵工厂于1889年成立，随即开始在比利时本地制造1889型毛瑟步枪。当比利时人意识到国营兵工厂在位于列日附近的赫斯塔尔的工厂产能肯定不足之后，他们与一家英国公司达成了协议，由英方代为制造1889型毛瑟。这两处的总产量合计达到了25万支。

一款法制MAS1873双动转轮手枪的变种，即军官专用型MAS1874双动转轮手枪于一战早期在法国和比利时军队中得到了广泛运用。军官专用型MAS1874转轮手枪一共制造了35000支。虽然其最终被1892型转轮手枪取代，它仍然在役长达半个多世纪，而且直到20世纪40年代还仍被配发给比利时军官和士兵。MAS1874型转轮手枪的表面处理比1873型颜色更深，而且重量更轻。这两种双动转轮手枪都使用一款轻型10.4毫米（0.41英寸）口径子弹。这种子弹往往不能提供足够的停止作用力，即便距离很近也没什么用。至于其他发给比利时部队的随身武器，其中有一种是勃朗宁M1899型手枪。这款枪让人联想起M1900型手枪和柯尔特M1903型转轮手枪。它们都发射一种可互换的8.1毫米（0.32英寸）口径柯尔特手枪弹。

1914年配属于比利时边防军第11团的MAS1874转轮手枪

该手枪发射的是减少装药的10.4毫米子弹，但该转轮手枪仍然被认为是一款威力足够和坚固耐用的佩枪。MAS1874型转轮则是它的一款军官专用改型，实质上跟MAS1873如出一辙。

技术参数

制造国：比利时	全长：284毫米
年份：1874	枪管长：159毫米（6.25英寸）
口径：10.4毫米（0.41英寸）	枪口初速：190米/秒
工作方式：转轮式	供弹方式：6发弹巢
重量：1.13千克（2.5磅）	最大射程：50米

列日市赫斯塔尔国家兵工厂造1889式轻型毛瑟

1914年配属于比利时边防军第31团

该枪械从德国毛瑟公司取得了生产许可，配有坚固的护木和圆形枪管护罩。该枪械在比利时和英国均有制造。

技术参数

制造国：比利时	全长：1295毫米（51英寸）
年份：1889	枪管长：780毫米（30.6英寸）
口径：7.65毫米（0.301英寸）	枪口初速：610米/秒（2000英尺/秒）
工作方式：旋转后拉枪机	供弹方式：5发内置弹仓
重量：4.1千克（8.8磅）	射程：1000米（3280英尺）

法国陆军 1914–1915

尽管法军在普法战争中遭到了巨大打击，丧失了尊严，法国军队仍被认为是西欧最为强大的陆上武装。

1914年夏，法军陆军人数为75万。法军还能再动员约110万预备兵源。理论上，法军最高统帅部强调的战争原则是永远采取进攻态势，不论何时何地都要掌握战斗主动权；然而实践证明，面对德军装备的先进野战武器，这种战术的代价巨大。典型的一个法国师下辖两个旅共12个营，合计约12000人。1914年至1915年期间，法军的标配步枪是8毫米（0.314英寸）勒贝尔M1886型步枪，该枪10年后进行了改进。勒贝尔M1886型步枪于1887年进入法军现役，很快便因为其弹仓的缺陷而惹人注意。尽管其容弹量高达8发，但装弹时间过长，而且装弹方式是从枪管前端按顺序装入的。这种装弹方式使其饱受诟病，在弹仓逐渐清空的同时，由于重心发生改变，枪支的精确度也越来越差。

尽管该型步枪是第一款使用无烟火药的枪械，勒贝尔1886型步枪实际上于1915年就被废弃不用，法军换装了更为轻便的M1902和M1907型勒贝尔·贝蒂埃步枪。这两种型号的步枪从未大批量制造。其容弹量为3发，射击视野更为宽阔。而M1886型勒贝尔步枪仍旧是法军一战时期使用的主要步兵武器。尽管法军新装备了贝蒂埃步枪，勒贝尔还是继续作为法军主要的单兵武器，而且也曾在配有高倍镜的情况下客串狙击枪。从1887年到1920年期间，1886型勒贝尔步枪及其各种改型一共生产了288万支。直到20世纪40年代晚期，法军还配发这种步枪。德国部队也曾相对少量地配有这种步枪。尽管易于维护的特点被广为认可，但是贝蒂埃步枪还是由于其容弹量仅3发的小毛病而显得不便使用。热战正酣的时候，因为如此小得可怜的弹仓而不得不频繁装弹实在是太成问题了。到1918年夏，一战前线上的法军士兵们终于拿到了产量稀少的寥寥几把容弹量5发的M1907/15–M16式贝蒂埃型步枪。

殖民地卡宾枪

M1907型贝蒂埃卡宾枪本来是用来替代老旧的铁坂开司1874型[①]单发卡宾枪的，但法军使用时发现它比M1886型勒贝尔枪好

▲ **勒贝尔M1886步枪**

是法国于1886年推出的手动枪机式步枪，由尼古拉斯·勒贝尔上校研制。该枪运用了由保罗·维埃那开发的火药B，亦是史上第一种最成功的无烟火药枪械。

技术参数

制造国：法国	全长：945毫米（37.2英寸）
年份：1907	枪管长：455毫米（17.9英寸）
口径：8毫米（0.314英寸）	枪口初速：725米/秒（2379英尺/秒）
工作方式：旋转后拉枪机	供弹方式：5发内置弹仓（1915年开始启用）
重量：3.2千克（7.056磅）	射程：500米（1640英尺）

① 因清朝进口过该枪并给予此官方名称，所以此处使用此名。

用，前护木也是一整块的，而且容弹量为3发或5发的弹匣也取代了繁琐的筒形弹仓。到1916年，由于1886型步枪供应紧缺，法军本土常备军开始装备M1907/15型贝蒂埃步枪。法国海外殖民地军队和法军外籍兵团则于稍早前就已经装备了该型步枪。一战期间，该型步枪总计制造了44万支，全部为3发容弹量型。

勒贝尔M1892型双动转轮手枪直到20世纪60年代还作为法国警察的佩枪在役。它曾是法国陆军军官在一战期间的佩枪。该转轮手枪的隔舱转轮容弹量为6发，弹药口径8毫米（0.314英寸）。M1892型转轮手枪曾经非常流行，但是与同时代的其他转轮手枪相比，它的威力不足。该型转轮手枪于1892年至1924年间由国营国有圣埃蒂安兵工厂制造，共计超过35万支。

▲ **勒贝尔M1892型转轮手枪**

1914年配属于法国陆军第50边防步兵团

法军一战时期的标准佩枪就是M1892转轮，该枪由国营圣埃蒂安兵工厂制造，在军队和民事执法机关中曾一直流行了数十年。

技术参数

制造国：法国	全长：240毫米（9.44英寸）
年份：1892	枪管长：117毫米（4.6英寸）
口径：8毫米（0.314英寸）	枪口初速：213米/秒（698英尺/秒）
工作方式：转轮式	弹仓：6发弹巢
重量：0.94千克（2.1磅）	最大射程：50米

7.65毫米自动手枪是一战时期另一款著名的法国轻武器，即由西班牙生产的卢比手枪。其结构与勃朗宁M1903型手枪类似。优点是即使对新手来说，也很易于使用。该枪械在西班牙和比利时制造，发射7.65毫米口径子弹。其9发容弹量的弹匣为可拆卸部件。该手枪50多种改型的总产量超过了75万支。

1914年法国步兵中队①编制

单位②	指挥官	士兵人数
连队指挥部	5	15
第一小队	2	
第一半编制排	1	
第一班组（步枪兵班组）	1	14
第二班组（步枪兵班组）	1	13
第二半编制排	1	
第三班组（步枪兵班组）	1	14
第四班组（步枪兵班组）	1	13
第二小队	2	
第一半编制排	1	
第一班组（步枪兵班组）	1	14
第二班组（步枪兵班组）	1	13
第二半编制排	1	
第三班组（步枪兵班组）	1	14
第四班组（步枪兵班组）	1	13
第三小队	2	
第一半编制排	1	
第一班组（步枪兵班组）	1	14
第二班组（步枪兵班组）	1	13
第二半编制排	1	
第三班组（步枪兵班组）	1	14
第四班组（步枪兵班组）	1	13
第四小队	2	
第一半编制排	1	
第一班组（步枪兵班组）	1	14
第二班组（步枪兵班组）	1	13
第二半编制排	1	
第三班组（步枪兵班组）	1	14
第四班组（步枪兵班组）	1	13
总人数	37	231

① 相当于连级单位。

② 在法军中，Section=小队（排级单位）、Squad=班组（特指未配备机枪的）。

第二次伊珀尔战役：英军第2和第5军 1915年4-5月

当加拿大部队的机枪班组抵挡住了如潮般的敌人，他们就此获得了一种民族国家认同的衡量方式，而与此同时，德国人开始在大范围内部署并使用毒气。

1915年春，协约国在西线北段的防御据点包括一处具有决定性意义的战略突出部，即比利时的伊珀尔。比利时军队即使处在四面被围的情况下，仍然在战略突出部的北线地带坚守。而法国及其阿尔及利亚殖民地联军则协同英军第2和第5军一起防守该地的北部和东部前线。由于该突出部威胁到了德军侧翼，德军遂决定试图将战线拉平，消灭这个突出部。1915年4月至5月间，一共爆发了4次单独的交战行动。到战斗结束的时候，协约国联军坚守住了战线，但是战略突出部的空间受到了压缩。

在后来被笼统称为“第二次伊珀尔战役”的一系列战斗的开始阶段，德军从数千个钢瓶中朝着法军和法国殖民地军团的阵地放出氯气。短短几分钟之内，阵地上的守军就开始毫无阵型地后撤，毒气一共杀死和致残数千人。德军推进时，加拿大第1师为了稳住局面，发动反冲锋。其白刃冲锋的主攻方向为基钦纳森林。

与此同时，在圣朱利安村附近，加拿大军第13营机枪分遣队暂时代理下士职务的一等兵弗雷德里克·费舍尔则偷偷率领一小队士兵试图阻止德军迂回包抄加拿大军队的战线。一等兵费舍尔通过操作一挺柯尔特机枪证明了这种武器在战场上的价值。他阻滞了德军的推进，进而也防止了加拿大军队攻击阵地的崩溃。为表彰其英勇，一等兵费舍尔被授予了维多利亚十字勋章。不过不幸的是，在第二天的一次类似防御行动中，他就阵亡了。

费舍尔操作的那种7.7毫米（0.303英寸）口径柯尔特机枪是在实战中表现良好的第一批气动机枪改成导气式自动武器之一。该型机枪正式名称为柯尔特-勃朗宁M1895型，绰号“土豆挖掘者”。这一绰号来源于其独特的构造，它于1892年获得美国专利授权。加拿大部队在1914年把它带到了一战战场上。在只使用了很短一段时间之后，就被维克斯机枪替代了。

不论如何，柯尔特-勃朗宁M1895被证明是一种极为适应战场环境的机枪。其射

韦伯利斗牛犬转轮手枪

1915年配属于英国远征军第2营东约克郡团

韦伯利斗牛犬转轮比它同时代的那些转轮手枪都要小。尽管其造价低廉，却非常坚实耐用。

技术参数

制造国：英国	全长：140毫米（5.5英寸）
年份：1878	枪管长：53毫米（2.1英寸）
口径：8.1毫米（0.32英寸）	枪口初速：190米/秒（625英尺/秒）
工作方式：转轮式	供弹方式：6发弹巢
重量：0.31千克（0.71磅）	射程：50米

技术参数
制造国：英国
全长：1155毫米（40.5英寸）
年份：1912
枪管长：725毫米（28.5英寸）
口径：7.7毫米（0.303英寸）
枪口初速：600米/秒（1970英尺/秒）
工作方式：枪管短后座，水冷式
供弹方式：250发布制弹链
枪身重：18千克（40磅）
射程：早期型2000米（6560英尺）以上；
后期型3000米（9842英尺）
射速：600发/分钟

▲ **维克斯Mk I型机枪**
1915年配属于英国远征军第2营锡福斯高地步兵团
作为马克沁机枪的改进作品，维克斯Mk I型机枪于1912年进入英军现役部队。由于随后英军引进了轻型刘易斯机枪，维克斯机枪遂被认为是一款重型机枪。维克斯机枪经久耐用，用途广泛，因而其服役期限持续至20世纪60年代。

速达450发/分钟。尽管这一数据低于同时代的不少其他机枪，它的气冷式的优点能够让枪管发射更长一段时间而不过热。其次，它的设计比那些水冷机枪要简单，重量也轻得多，因此更为便携。机枪本身重约16千克（35.25磅），而其三脚架和机枪手座位的合计重量为25.4千克（56磅）。

1915年英军营级单位的机枪排编制（使用维克斯重机枪）	
单位名称	兵力
中尉	1
上士	1
下士	1
司机	2
通讯员	1
上等兵	24

维克斯机枪量产型

英国在一战中最为著名的机枪要数维克斯Mk I型机枪。它基于美国裔发明家海勒姆·马克沁所推广的设计。马克沁长年留居英国。公认是马克沁于19世纪80年代中期发明了史上第一款自驱动的机枪。马克沁机枪于1884年秋首次公开展示，随后便随着英军一同被部署到了中非。增大型的一种改型马克沁机枪则在19世纪和20世纪之交那几年参与了“布尔战争”。英军于1912年秋正式接受了维克斯机枪，其各种改型一直在英国各武装力量中服役至20世纪60年代晚期。

维克斯Mk I机枪相比马克沁机枪的不同之处在于，维克斯机枪要比后者轻许多，这是由于维克斯机枪的肘节式闭锁机构其动作方向由向下改为向上，机匣上方的空间被有效利用起来，这使得它的机匣高度比马克沁机枪大大降低。另外，维克斯机枪因其耐久性而备受关注。其射速可达450发/分钟。维克斯机枪的水冷式枪管一般每射出10000发子弹后需要更换一

▼ **英军1915年时的机枪排编制**
英军营级部队机枪排如果4挺维克斯重机枪同时开火，每分钟可以发射2400发弹药。最初，机枪排只配有2挺机枪，1915年2月加强至4挺。这种编制于当年十月取消，升格为机枪团，以使加强西线战场上所部署的机枪的使用效率。

次。然而，在1918年8月攻占海伍德（High Wood）的战斗中，英军首次将共十挺的维克斯机枪投入实战，并创造了在12小时内，平均每挺机枪发射约十万多发子弹的记录，每挺机枪都换了10次枪管。此次战斗中一共发射了100万发7.7毫米（0.303英寸）弹药，无任何一挺机枪哑火。

随着刘易斯轻机枪的引入，维克斯机枪被划归重机枪的行列。随后几十年间，无数维克斯机枪的改进型号进入军中服役。一战时期，它也被搬上了飞机，在飞机上使用。

第二次伊珀尔战役中所使用到的其他武器包括韦伯利斗牛犬转轮手枪和福斯伯里转轮手枪。这些随身佩枪都属于1887年至1963年间的背部活动式或自卸式手枪枪族。最广为人知的韦伯利转轮手枪或许是1915年发明并参与了一战的韦伯利Mark VI型。韦伯利和福斯伯里这两种枪中，前者较小。它发射的是8.1毫米（0.32英寸）口径弹药，有效射程50米。而福斯伯里转轮手枪则非常容易辨认，其手枪转轮上有非常明显的Z字形花纹。福斯伯里手枪发射的是11.55毫米（0.455英寸）子弹。

韦伯利–福斯伯里转轮手枪

1915年配属于英国远征军皇家步枪步兵军第3营

韦伯利-福斯伯里转轮手枪利用后坐力的能量来完成复位动作，因而其动作机制与普通的转轮手枪不同，可以称作是“自动式转轮”。当这种武器在1915年多次发生解体问题之后，就被停产了。

技术参数	
制造国：英国	全长：292毫米（11.5英寸）
年份：1915	枪管长：190毫米（7.5英寸）
口径：11.55毫米（0.455英寸）	枪口初速：198米/秒（650英尺/秒）
工作方式：全自动转轮式	供弹方式：6发弹巢
重量：1.08千克（2.4磅）	射程：50米

1914式恩菲尔德步枪

1915年配属于英国远征军第5达勒姆轻步兵营

尽管该型步枪原本计划使用具备更强威力的弹药，它最终还是只能利用现有的7.7毫米（0.303英寸）口径弹药。该型枪械从未大批量装备前线部队。

技术参数	
制造国：英国/美国	全长：1175毫米（46.2英寸）
年份：1914	枪管长：660毫米（26英寸）
口径：7.7毫米（0.303英寸）	枪口初速：762米/秒（2500英尺/秒）
工作方式：旋转后拉枪机	供弹方式：5发内置弹仓
重量：4.35千克（9.6磅）	射程：500米（1640英尺）

韦伯利–斯科特Mk IV型转轮手枪

1915年配属于英国远征军第5皇家爱尔兰枪骑兵团

韦伯利-斯科特Mk IV型转轮手枪发明于1899年，很快就以"布尔战争型手枪"的名号为人所知。正如韦伯利-斯科特公司的其他设计一样，它也是背部折开式左轮手枪。一战爆发时，它已经被配发到了许多英军军官手中。

技术参数

制造国：英国	全长：279毫米（11英寸）
年份：1899	枪管长：152毫米（6英寸）
口径：11.55毫米（0.455英寸）	枪口初速：198米/秒（650英尺/秒）
工作方式：转轮式	供弹方式：6发弹巢
重量：1.5千克（3.3磅）	射程：50米

第二次伊珀尔战役：德国第4集团军 1915年4–5月

德军第4集团军发动了对伊珀尔战略突出部的袭击，因此他们成了德军1914年推进的先锋部队。他们在以占领巴黎为目标的战役中击败了比利时和法国部队。但是最终，德军第4集团军陷入了弗兰德斯地区的战壕里。

1915年4月22日下午，德军对位于伊珀尔战略突出部的法军阵地发动了一次大规模的毒气攻击。紧随着致命毒雾推进的那些德军士兵正是第4集团军的老兵们，他们一年前曾经向着巴黎快速推进，也曾把协约国军队撵到位于英吉利海峡边的滩涂上去。

这些步兵配备的是一种在军事史上具有标志性意义的毛瑟Gewehr 98步枪。该型步枪由毛瑟兄弟设计，交由德意志帝国兵工厂和各个私人承包商制造。这种武器很快就替换了1888委员会步枪，成为德军一战时期的标准步枪。在1898年至1918年这20年间，估计毛瑟Gewehr 98步枪总共生产了约500万支。该型步枪于1935年退役让位于毛瑟98K卡宾枪，但后来在二战后期的德国国土防御作战中又重新得到使用。

1914年8月，在比利时村庄布莱德，符腾堡第6步兵团的年轻中尉隆美尔正扛着一把毛瑟枪参加战斗。他后来会在二战中晋升至元帅军衔并在北非沙漠里得到"沙漠之狐"的绰号。以下是隆美尔的自述："我迅速通知我的手下我试图开火的意思。我们悄无声息地打开了枪支的保险，从建筑物后面猛然跳出来；我们就那么直挺挺地站着，对附近的敌人开火。他们中有些人立刻就死了，但是其余大多数人则在台阶、花园围墙和木柴堆后面找到了掩护，并开始对我们进行还击。因此，一场近距离的激烈交火就此开始。我站起身来，沿着一堆木柴寻找目标。我的敌人在我前方大约20码远的地方。他在一幢房屋的台阶后面隐蔽得很好，只露出了一部分脑袋。我们双方几乎同时瞄准并开了枪，两枪都落空了，他那一枪擦着我的耳朵飞了过去。我不得不快速装填弹药，冷静而快速地进行瞄准并同时锁定了我的目标。在瞄准具标尺设定为400米而实际距离只有20码的情况下做到这些其实很不容易。特别是，我们在和平时期根本未曾就这样的战斗展开过训练。我的枪响了，敌人的头向前倒向了台阶。”

毛瑟的威力

毛瑟Gewehr 98步枪发射的是7.92毫米（0.312英寸）弹药，其内置弹仓容弹量为5发，通过5发桥夹由顶部装填。其装填工作相对比较简单。枪身右侧经过切削，这使得枪手能够更快、更安全地塞入弹药。而相比之下，英国造的李恩菲尔德步枪则需要在装弹时做出一个大拇指向下移动的按压动作。

重型旋转后拉枪机步枪在战斗中的操作需臂力好而平稳，因为士兵们的战斗任务往往需要他们在操纵枪机后，重新通过瞄准具

▶ 伯格曼M1896手枪

1915年配属于德意志帝国陆军第242预备役步兵团

伯格曼M1896手枪修正了早先一代手枪的一个危险错误。早期的伯格曼手枪抛壳时依靠下一发枪弹把空弹壳“挤”出枪膛。新一代手枪经过重新设计，能够更可靠地退壳而不影响下一发子弹入膛。该设计曾流行过一段时间。

技术参数

制造国：德国	全长：254毫米（10英寸）
年份：1896	枪管长：102毫米（4英寸）
口径：7.63毫米（0.3英寸）	枪口初速：380米/秒（1250英尺/秒）
工作方式：自由枪机式	供弹方式：5发弹仓
重量：1.13千克（2.5磅）	射程：30米（98英尺）

▶ 卢格M1908型手枪

1915年配属于德意志帝国陆军第132团

通常，该枪被称作卢格手枪。大多数半自动手枪使用导轨系统，而M1908型卢格手枪使用一种肘节式起落闭锁系统。两次世界大战的这几十年间，一共制造了约200万支卢格手枪。

技术参数

制造国：德国	全长：222毫米（8.8英寸）
年份：1908	枪管长：127毫米（5英寸）
口径：9毫米（0.35英寸）	枪口初速：351米/秒（1150英尺/秒）
工作方式：枪管短后座自动方式，肘节式闭锁	供弹方式：8发可卸式弹匣
重量：0.96千克（2.125磅）	射程：30米（98英尺）

◀ 曼利夏M1903手枪

1915年配属于德意志帝国陆军后备军第77团

曼利夏M1901/M1903使用弹簧凸轮系统来控制导轨的向后运动，因此该枪属于运用延迟反冲作用原理的种类。该枪械最初设计时计划是使用8毫米（0.314英寸）子弹，但最终改为使用7.65毫米（0.30英寸）的。M1903型使用容弹量为8发的弹仓，而M1901型则装有8发子弹。

技术参数

制造国：奥地利	全长：239毫米（9.4英寸）
年份：1903	枪管长：165毫米（6.5英寸）
口径：7.65毫米（0.3英寸）	枪口初速：312米/秒（1025英尺/秒）
工作方式：半自由枪机式	供弹方式：6发弹仓
重量：0.94千克（2.1磅）	射程：30米（98英尺）

来确定自己的视野并瞄准。毛瑟Gewehr 98是一款理想的运动战专用步枪。而一战早期那几个月里发生的正是这种运动战。然而，当陷入堑壕战时，它就变成了笨重的武器。其装弹完毕之后的总重高达4千克（9磅），全长则为1250毫米（49.2英寸）。5发容弹量的弹匣虽然比英国的李恩菲尔德步枪的容弹量要小；但训练有素的使用者却可以在一分钟内最多打出12发子弹。

狙击步枪改型

1915年春，德国下令给部队装备多达15000支配备了光学瞄准镜的毛瑟98步枪，用作高精度的狙击枪。到战争结束时，对瞄准具的改造工作已经完成，实际下发到士兵手中的毛瑟98狙击改型步枪一共超过了18000支。一战爆发前，曾经为骑兵部队生产过一种截短版的毛瑟卡宾枪，即毛瑟98a型卡宾。但是这种试验性的生产效果最终不尽如人意，生产随后停止。比利时部队装备的则是一款经过改装的毛瑟98步枪，而同时期的塞尔维亚军队和土耳其军队也装备了毛瑟98步枪。

一战中脱颖而出的最为流行的一款武器是卢格M1908型手枪，一般称为卢格手枪。它得名于其设计师乔治·J·卢格。他于1898年获得了卢格手枪的发明专利权。或许因为卢格手枪的传奇经历，数十年来卢格手枪一直被枪械收藏家们所追寻。卢格手枪因其可靠性、高精度和易于操作而声誉卓著。通常，一战期间的德国陆军军官会随身佩带卢格手枪。这当然也包括了前文所提到的那些参与了第二次伊珀尔战役中那4次戛然而止的战斗的第4集团军的军官们。直到20世纪30年代，德军才计划用瓦尔特P38型手枪去替换卢格M1908手枪。即便如此也未能完全换装完毕，卢格手枪依然很流行。

卢格M1908型手枪使用肘节式闭锁机构而非一般在半自动手枪上更为常见的自由枪机式结构。其弹仓位于握把处的设计使得全枪更为短小，相比弹仓置于击锤前方的设计，这样也更加紧凑。弹仓通过弹簧供弹，卢格手枪击发时，肘节式机构后座抛出空弹壳，之后向前复位从8发容弹量的可卸式弹匣当中将下一发子弹推入枪膛。因此，上弹相对较为容易。

卢格手枪的生产始于1900年的德意志帝国兵工厂以及各个私人制造商。其中，德意志武器弹药公众有限公司最为出名（DWM）。该手枪一直生产至1945年，两次世界大战期间一共生产了超过200万支。它原本计划使用7.65毫米（0.301英寸）卢格手枪弹，但后来改为使用9毫米巴拉贝鲁姆手枪弹。

▲ **毛瑟Gewehr（德语意即步枪）98型步枪**

1915年配属于德意志帝国陆军第136步兵团

尽管毛瑟98步枪被认为是有史以来最为杰出的步兵武器之一，但它其实不适合堑壕战。该型步枪共计生产了大约500万支，现如今它得到了体育运动步枪选手们的赞誉。

技术参数

制造国：德国	全长：1250毫米（49.2英寸）
年份：1898	枪管长：740毫米（29.1英寸）
口径：7.92毫米（0.312英寸）	枪口初速：640米/秒（2100英尺/秒）
工作方式：旋转后拉枪机	供弹方式：5发内置弹仓
重量：4.2千克（9.25磅）	射程：500米（1640英尺）

法国陆军在凡尔登 1916-1917

凡尔登战役因其史上最为惨烈的伤亡而被世人铭记。为期10个月的拉锯战总共造成了超过30万士兵阵亡、50万人受伤。

德军最高统帅部决定攻打受到要塞式防卫的法国东北部城市凡尔登。其真实动机被掩藏在层层矛盾的疑云之后。然而有些历史学家宣称，德军的意图是打掉法国那僵持的战壕战线上的一处战略突出部，取得决定性的突破，然后向巴黎进军。其他人则坚称德军的意图其实非常单纯，就是想给法军狠狠地放一次血，让法军就此失去行动能力。

实际上，德军参谋总长埃里希·冯·法金汉（1861–1922，又译为埃里希·冯·法尔肯海因或埃里希·冯·法尔根汉）表示，不论是同盟国还是协约国都试图获得一次决定性的突破；但是在双方都一再失败了很多次的情况下，这种突破其实根本不可能达成。因此，他在自己的备忘录里写道："凡尔登绞肉机的血海真实的目的是给法军造成如此高的伤亡，以迫使法国人停下来谈一谈投降条件。"到最后，从1916年2月一直持续到年底的这场旷日持久的考验给法德双方都造成了灾难性的伤亡。虽然炮火在凡尔登制造了大部分的死亡和破坏效果，轻武器也依然要为大屠杀负很大一部分责任。面对面的肉搏战在难以计数的情况下爆发，手枪、大刀和刺刀的使用司空见惯。未来二战时期"自由法国运动"的领导人、法兰西第五共和国的总设计师查尔斯·戴高乐这时还只是在凡尔登服役的一个步兵小军官。他在这里被手榴弹的弹片严重炸伤，屁股上也被刺刀刺了一刀，然后当了俘虏。当凡尔登战役最终结束的时候，法军获得了一战中最漫长的战争的"战术意义上的胜利"。法军阻止了德军的突破计划，但也遭受了可怕的伤亡。从战略角度来看，这次战役双方打成了平手，着重且明显地表现了战争消耗生命及其徒劳无益的荒谬性。

到1915年时，法军最高统帅部都已经详尽周知了勒贝尔步枪的缺陷，他们的决定是用贝蒂埃1907/15型步枪来替换掉勒贝尔步枪。但是勒贝尔步枪却从未完全退出过现役。贝蒂埃步枪在激烈战斗的中叶受到很大的局限，贝蒂埃步枪只有3发容弹量的弹仓在激战正酣的时候对于士兵们来说实在是太闹心了。1916年，一种贝蒂埃步枪的改型，即1907/15–M16（简称1916式）步枪投入使用，其容弹量为5发。直到1918年夏，这种步枪才姗姗来迟，被发放到法国陆军战士们手里。这已经太迟了，它未能对一战的结局产生任何积极的影响。与此同时，一部分

贝蒂埃M1907/15型步枪

1916年配发法国陆军第87步兵团

到1915年时，很明显有必要对老旧的勒贝尔步枪进行升级改造；整个一战期间，贝蒂埃M1907/15型步枪共计制造了接近44万支。

技术参数

制造国：法国	全长：1306毫米（54.1英寸）
年份：1915	枪管长：797毫米（31英寸）
口径：8毫米（0.314英寸）	枪口初速：640米/秒（2100英尺/秒）
工作方式：旋转后拉枪机	供弹方式：3发内置弹仓
重量：3.8千克（6.4磅）	射程：500米（1640英尺）

法军军官顽固坚持还要给自己的部队配发老式的勒贝尔步枪。因此整个一战期间，法军都纠结于发明并装备一种合适的步枪这个问题。凡尔登战役期间，法军士兵手里当然还是勒贝尔步枪唱主角儿。普法战争中，法国人意识到了利飞老式排枪的表现很差，开始磨磨蹭蹭地研制新机枪。1914年，气冷式的8毫米（0.314英寸）口径圣艾蒂安M1907型机枪成了法国陆军的制式装备。圣艾蒂安机枪的射速可调，范围从8发/分钟至650发/分钟不等。相比其前任皮托M1905型机枪，这是一项显著的改进。

到1917年夏，法军换装了更为可靠的哈奇开斯M1914型机枪，圣艾蒂安机枪被淘汰给预备役部队使用。M1914机枪是法国军火厂家哈奇开斯公司发明的最后一款机枪。该厂由美国发明家本杰明·B·哈奇开斯（1826–1885）设立。该型机枪采用导气式工作原理，而不是传统的枪管短后座方式。它采用24发一条的弹板供弹，这些弹板也可以连接起来，不过接起来的弹板容易变形，也不方便使用，所以很少有人这么干。机枪小组成员定员为3人。枪身重量为23.6千克（52磅）。作为一件步兵武器而言，这个重量太累赘了。笨重的哈奇开斯机枪的产量一直在缓慢上升，到1918年，共计有大约5万挺该型机枪被交付给法国陆军使用。它在法国陆军中一直服役至1945年。

1916年法军步兵连编制

单位	军官	士兵
连队队部	1	
四个排（每排）	2	
第一半编制排	1	
第一班组	1	
（掷弹兵）		2
弹药后勤		2
助手		2
临时杂役		1
第二班组	1	
枪手		2
弹药后勤		2
助手		2
第二半编制排	1	
第三班组（骑兵）	1	2
VB步枪枪榴弹掷弹兵		1
弹药后勤		8
步枪手		
第四班组（骑兵）	1	
VB步枪枪榴弹掷弹兵		2
弹药后勤		1
步枪手		9
总兵力	32	144

▲ **哈奇开斯M1914型机枪**

1916年配属于法国陆军第151步兵团

哈奇开斯M1914型机枪于1917年作为法国陆军的制式装备批量进入现役部队服役，直到20世纪40年代仍有大批法军装备此种机枪。到1920年停产时为止，该机枪产量超过了6.5万挺。

技术参数

制造国：法国
年份：1914
口径：8毫米（0.314英寸）
工作方式：导气式
射速：600发/分钟
重量：23.6千克（52磅）
全长：1270毫米（50英寸）
枪管长：775毫米（30.5英寸）
枪口初速：725米/秒（2380英尺/秒）
供弹方式：24发弹板
射程：2000米（6580英尺）

索姆河战役 1916-1917

机枪和其他轻武器的密集火力给“索姆河战役”中的英军和英联邦军队造成了可怕的伤亡，这使得人们对协约国联军司令命令他们在此作战的判断感到有所疑问。

索姆河战役首日，英军伤亡达6万人。没有人曾预计到这场大屠杀，而索姆河战役自1916年7月起至11月止共持续了5个月。协约国进攻位于法国北部的德军战壕本来是为了呼应俄军在东线的行动。协约国参谋们提出的理由是：当法国和英国部队同时发动进攻，而俄军在东线继续其攻势时，德军将被四处牵扯精力直至崩溃。

德军于1916年2月发动了对凡尔登的攻势，这在一定程度上改变了协约国的计划。英军（而非原计划中的法军）将承担索姆河沿岸的主攻角色。而法国军队将被调往凡尔登去应对新的威胁。因此，索姆河进攻演变成了一次具有双重目的的战役。即：拉长和削弱德军在东西两线的战线并减轻防守凡尔登的法军部队所受的压力。索姆河战役开始时，共有24个协约国的师级部队参战（其中英国第4集团军派出了13个师，法国第6集团军派出了11个），德军方面则有来自第二集团军的略多于10个师的部队进行防御。最终，德军投入到索姆河战役中的部队增加到了50个师。

▲ **步兵支援**

步兵支援行动。一战时期的西线某地，一名英联邦步兵正在操作一挺刘易斯机枪。美国设计的刘易斯机枪是首批大量采用的步兵支援武器之一。

▲ 李恩菲尔德弹匣式短步枪Mk III型

1916年配发给英国陆军泰恩赛德爱尔兰步兵第1旅

李恩菲尔德弹匣式短步枪Mk III型是10发装弹量步枪中最广为人知的一款。该枪于1904年起开始生产，1907年进入英联邦军队服役。生产Mk III型步枪起初只是战时的权宜之计，但其生产一直维持到了20世纪50年代。

技术参数

制造国：英国	全长：1133毫米（44.6英寸）
年份：1907	枪管长：640毫米（25.2英寸）
口径：7.7毫米（0.303英寸）	枪口初速：634米/秒（2080英尺/秒）
工作方式：旋转后拉枪机	供弹方式：10发固定弹匣（使用5发的桥夹装填）
重量：3.93千克（8.625磅）	射程：500米（1640英尺）

▲ 罗斯步枪

1916年配发给加拿大军第24维多利亚营

该型步枪容易受到灰尘和火药残渣影响而卡壳，还从别的枪那里遗传了机械故障。因此，虽然在测试场上表现良好，它还是被实战证明是令人失望的一款枪支。

技术参数

制造国：加拿大	全长：1285毫米（50.6英寸）
年份：1903	枪管长：765毫米（30.1英寸）
口径：7.7毫米（0.303英寸）	枪口初速：792米/秒（2600英尺/秒）
工作方式：旋转后拉枪机	供弹方式：5发内置弹仓
重量：4.48千克（9.875磅）	射程：500米（1640英尺）

▲ 刘易斯Mk I型机枪

1917年配属于皇家空军第60（R）中队

美国设计的刘易斯机枪经过英国军火商的改进，自1916年起被英军广泛使用至一战结束。在协约国空军中，大家也很熟悉这种武器。

技术参数

制造国：美国	全长：965毫米（38英寸）
年份：1914	枪管长：665毫米（26.25英寸）
口径：7.7毫米（0.303英寸）	枪口初速：600米/秒（1970英尺/秒）
工作方式：导气式	供弹方式：47发或97发弹鼓
重量：11.8千克（26磅）	射程：1000米（3280英尺）
射速：550发/分钟	

1917年的英军步兵排编制	
单位	人数
步枪小分队	9
侦察兵	1
狙击手	1
爆破（掷弹兵）小队	5
专职爆破手	2
弹药携带者	3
枪榴弹小分队	9
枪榴弹手	4
步枪手	5
刘易斯机枪小队	9

泰恩赛德爱尔兰旅所遭受的惊人损失向人们表明了在决定命运的索姆河战役首日双方军队在前线上经受的恐怖损失。该旅的作战角色是作为其姊妹部队的支援力量。一线作战中受到攻击的部队是第34师第101和第102旅。第一次的进攻未能达到令人满意的效果，穿过无人地带，泰恩赛德爱尔兰旅在开阔地遇到了敌袭。该旅陷于困顿的同时，两个营（第1和第4营）的兵力顺利摸到了德军一侧阵地。但是之后他们绝大部分被杀或被俘。当屠杀稍微缓和的间隙，泰恩赛第4和第1爱尔兰营一共阵亡1200人。

加拿大师

1916年7月1日早上上阵的780位纽芬兰人中，到第二天仍然可以上阵只剩下68人。纽芬兰团在短短20分钟内就被成批毁灭了，至死他们也未能跨出自己的堑壕防御范围。从七月到九月，3个加拿大师密切参与了索姆河沿岸的战斗。9月15日，加拿大第2师在库尔瑟莱特发动了进攻，这次，他们第一次得到了坦克的支援。

当索姆河战役结束的时候，协约国部队只争得了几公里的土地。英军总共伤亡达42万人。索姆河战役首日，英军作战部队有生力量的20%就已经阵亡或受伤了。经过索姆河战役，一个问题被提了出来。即：在敌方使用现代轻武器防守的阵地前，应该注意合理投入部队。索姆河战役的阴影时至今日依然笼罩在英国人心头。

参加索姆河战役的英军及英联邦各国军队都装备了标准型的李恩菲尔德1号Mk III型步枪，即大名鼎鼎的7.7毫米（0.303英寸）李恩菲尔德弹匣式短步枪。该型旋转后拉枪机步枪于1907年进入英国陆军现役。它和它的前辈弹匣式李恩菲尔德步枪一道成了英军士兵1895年至1957年间的主要步兵武器。该步枪得名于其设计师詹姆斯·帕里斯·李和设在恩菲尔德的皇家轻武器兵工厂。Mk III型李恩菲尔德步枪配备了一只容弹量为10发的弹匣，可以使用5发弹夹从顶部装填弹药。它与毛瑟步枪的不同之处在于，李恩菲尔德步枪的旋转后拉枪机操作平滑顺畅，步枪手因此可以在操作步枪的同时维持一幅稳定的视野图像。这提供了更为稳定也更精确的射击视野。

英军优先考虑步兵的有效而集中的火力，Mk III型步枪尤其适于这一目标。训练良好的士兵能够稳定持续地达到15发/分钟的射速。在战争高潮的时刻，即英军有时候称之为“疯狂一分钟”的时刻，英军甚至可以射出30发/分钟的子弹。事实上，在一战中，

组织形式

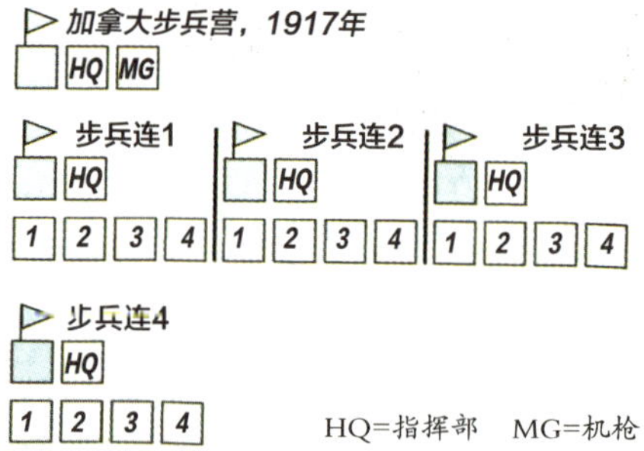

HQ=指挥部　MG=机枪

◀ **柯尔特新警用手枪**

1917年配发给驻扎在安大略省中部的加拿大军队第4营第145山地连

柯尔特新警用转轮手枪发射的是11.43毫米（0.45英寸）弹药。它也在美军中服役，美国编号为M1909型。随后，美国将其改进为M1917型并装备美军。实际上这种转轮手枪自1898年就开始生产。加拿大陆军在一战前就订购了大批这种转轮手枪，而英军在战时也订购了一批。

技术参数

制造国：美国	全长：273毫米（10.75英寸）
年份：1909	枪管长：140毫米（5.51英寸）
口径：11.43毫米（0.45英寸）	枪口初速：198米/秒（650英尺/秒）
工作方式：转轮式	供弹方式：6发弹巢
重量：1.3千克（2.9磅）	射程：20米（66英尺）

▶ **史密斯威森三重锁闭转轮手枪**

1916年随加拿大军第27步兵营（驻温尼伯市）参加了“库尔瑟莱特战役”

该枪的“三重闭锁设计”是指在手枪退壳杆前段多了一处闭锁结构（比通常只有两重闭锁的其他转轮手枪多出了一处），这使得该枪可以采用更强威力的弹药。它又名史密斯威森0.44英寸口径手动退弹手枪。

技术参数

制造国：美国	全长：298毫米（11.75英寸）
年份：1908	枪管长：165毫米（6.5英寸）
口径：11.2毫米（0.44英寸）	枪口初速：198米/秒（650英尺/秒）
工作方式：转轮式	供弹方式：6发弹巢
重量：1.08千克（2.4磅）	射程：50米

▲ **M1895型柯尔特-勃朗宁机枪**

1917年4月，该机枪曾随加拿大第2师第13机枪连参与了维米岭之战

这种气动式机枪在协约国中得到了广泛应用。它有多种不同口径，其中包括7.7毫米（0.303英寸）口径型。以此为蓝本，改造出了水冷型的M1917机枪，M1917机枪枪族是军事史上最为著名的枪族之一。

技术参数

制造国：美国
全长：1040毫米（40.94英寸）
年份：1895
枪管长：711毫米（28英寸）
口径：7.62毫米（0.3英寸）或6毫米（0.23英寸）
枪口初速：732米/秒（2400英尺/秒）
工作方式：导气式
供弹方式：弹链供弹
枪身重：16千克（35.25磅）
射程：2740米（8990英尺）

不止一次德国人都暴露在装备了李恩菲尔德Mk III型步枪的英军步兵的火力之下，而他们往往误以为是遭遇了机枪火力。

李恩菲尔德Mk III基本型步枪在这些年里曾经被进行过多次改造，其中一种狙击改型一直在某些英联邦国家部队中服役至20世纪90年代。据估计，李恩菲尔德弹匣式短步枪以及各种改型总计产量高达1700万支，是世界上产量最多的手动步枪。

“急就章”刘易斯机枪

1915年末，英国陆军已经把刘易斯机枪作为了步兵支援武器，用来替换维克斯机枪，并与此同时开始将步兵机枪营重组为机枪军。刘易斯机枪是一种可以单人使用的轻型机枪，而维克斯机枪是一种必须多人操作的重机枪。到一战结束时，英军中服役的刘易斯机枪已经在数量上超过了维克斯机枪，其比例大约为3：1。

刘易斯机枪是由美国设计的，整个一战期间，英军和英联邦各国部队曾广泛使用这种机枪；该型机枪一直到“朝鲜战争”时仍在服役。英国设计人员把刘易斯机枪的口径从美国人惯用的7.62毫米（0.30英寸）改为7.7毫米（0.303英寸），反倒是美国人从未官方列装刘易斯机枪。刘易斯机枪自1913年起开始生产，直至1942年停产。英国向沙俄出口了超过10万挺刘易斯机枪，其数量远

机枪班

机枪小队。一战末期，一支德国机枪小队（班）正在草木的掩护下操作一挺马克沁08型机枪。马克沁机枪是一战时期最为常见的重机枪。

远超出了美国国内的刘易斯机枪的数量。到一战结束时，共有超过14.5万挺刘易斯机枪在英军和英联邦各国军队中服役。与维克斯重机枪不同的是，刘易斯机枪仅重11.8千克（26磅）。人们可以通过其明显的圆盘弹鼓弹仓（容弹量47发或97发）和长长的散热套筒辨识出这种机枪，刘易斯机枪在一战协约国中同样臭名远扬。它通常被摘除散热套筒后安装在战斗机或者侦察机上。

毛瑟M1912手枪

1916年配属于驻上西里西亚地区的德意志帝国陆军第23步兵团

这是毛瑟C96手枪的军用版，绰号“扫帚柄”。M1912半自动手枪最初使用的是7.63毫米（0.30英寸）直径弹药，但是随后就被改为装填9毫米（0.35英寸）弹药。

技术参数

制造国：德国	全长：295毫米（11.6英寸）
年份：1912	枪管长：140毫米（5.51英寸）
口径：7.63毫米（0.30英寸）	枪口初速：427米/秒（1400英尺/秒）
工作方式：枪管短行程后坐作用式	供弹方式：6、10或20发整体式弹匣或可拆卸式弹匣
重量：1.25千克（2.75磅）	射程：100米（328英尺）

马克沁08型机枪

1917年配属于德意志帝国陆军第180步兵团（符腾堡）

德国起初许可证生产了英国发明的马克沁机枪，命名为08式机枪。它是德军一战期间的主力机枪。由于缺乏后继替换的新型号，其服役年限延展至20世纪40年代。

技术参数

制造国：德国	全长：1175毫米（46.25英寸）
年份：1908	枪管长：719毫米（28.33英寸）
口径：7.92毫米（0.312英寸）	枪口初速：829米/秒（2925英尺/秒）
工作方式：枪管短后座自动方式	供弹方式：弹链供弹（每条弹链为250发）
重量：26.44千克（58.25磅）	射程：1000米（3280英尺）
射速：300- 450发/分钟	

米切尔攻势 1918

随着沙俄退出一战，德军计划于1918年春天发动一场决定性的攻势。组成这次攻势的4次单独的攻击行动中最主要的一次被给予了“米切尔”的代号。德军指望由此能够击溃从索姆河到英吉利海峡的英国陆军。

当一战绵延至第4个年头，德意志帝国有理由对战争局面感到乐观。签订《布列斯特-立陶夫斯克和约》以后，俄国退出了战争。在久经困扰多时之后，德国陆军终于能够从东线调来多达50个师的生力军前往西线。这就凑够了埃里希·鲁登道夫将军（1865-1937）所希望的用来对英法发动决定性战役所需的地面兵力。鲁登道夫时任陆军军需总长并同陆军元帅保罗·冯·兴登堡（1847-1934）一同担任联合最高统帅。战争疲劳症的厌战情绪开始在德国蔓延；英国皇家海军发动的封锁绞杀战在德国造成了食物和战争物资原料短缺。阵亡人数也非常之多，人力短缺开始成为问题。也许，对于德国人继续作战的战争前景来说，最令人恐怖的事情是美国的动员和参战。美国于1917年4月加入协约国一方。鲁登道夫知道，美国那难以计数的军事和工业潜力会使德国注定失败。而有些美国军队已经在法国开始参加对德作战。“米切尔攻势”于1918年3月21日开始的时候，机会的窗口正在关闭。

尽管英军在“米切尔攻势”首日就有超过2万人伤亡、英军第5和第3集团军下辖部队被迫撤退，以避免被迂回包围，已经陷入包围的孤立小股英军却仍在抵抗。德军的渗透行动运用了新的“暴风突击队战术”，这种渗透在某些地方非常显著；然而，从战略层面上看，这些行动却并无战略重要性。在关键地点，英军坚守住了他们的阵地，击退了德军的进攻而且赢得了宝贵的时间。

最终，“米切尔攻势”节奏慢了下来而且失去了动力。德军的后勤线越拉越长，兵力稀薄；德军炮兵也不再能够跟上进攻推进的速度。德军未能夺取穿越法国北部城市亚眠的至关重要的铁路和公路枢纽。到四月第1周时，鲁登道夫不得不下令暂停攻势。虽然协约国和同盟国的伤亡数字基本相当：均为25万人，但协约国所遭到的损失却是可以补充回来的，尤其是可以使用即将到来的美军部队进行补充。而德国一方的伤亡却不能得到补充。1918年春季的攻势在其他地方的战果也是可以预计的，其结果与“米切尔攻势”基本相似。最后一次能让德国人取胜的大好机会就这样被消耗殆尽了。

▲ **卢格M1908炮兵专用型手枪**

1918年配属于德意志帝国陆军第121（符腾堡）步兵团

这就是具有传奇色彩的卢格M1908炮兵专用型手枪，采用9毫米巴拉贝鲁姆手枪弹，俗名卢格手枪，因其设计师乔治·卢格而得名。乔治·卢格为这款枪设计了加长的枪管和木制枪托，这使得该手枪可以充作卡宾枪使用。

技术参数

制造国：德国
枪管长：190毫米（7.5英寸）
年份：1913
口径：9毫米（0.35英寸）
枪口初速：351米/秒（1150英尺/秒）
工作方式：枪管短后座自动方式，肘节式闭锁
供弹方式：8发弹匣或32发蜗式弹鼓
全长：324毫米（12.75英寸）
重量：0.96千克（2.125磅）
射程：80米（260英尺）

施潘道的幽灵

除了运用暴风突击队战术之外（暴风突击队战术涉及部队的快速调动、孤立强力防御点之后，用动作更慢的后续部队进行扫荡），“米切尔攻势”成功的潜在可能性依赖于马克沁08型重机枪（MG08）的威力。它成了一战时期德国战壕的坚强守卫者。MG08型机枪在实战中证明了自己的价值，在多种防御战的情况下尤其如此。这种防御作用在索姆河前线表现得最为显著，德国“屠夫”们在那里给英国人开出的死亡清单是灾难性的。

然而，MG08型机枪最显著的问题是它那可怕的重量，除去笨重的三脚架和大量的冷却水，仅仅是枪身就重达26.44千克（58.25磅）。这种武器是如此的沉重，以至于要用滑橇车运输或者几名士兵一道肩扛运输，又或者要几名士兵像抬担架那样抬着走。解决这一问题的办法是发明了新型的马克沁08/15机枪。它配备有一具两脚架，重量相比较而言也稍轻：为18千克（39.75磅）。火力和操作性都有所提升。德军在1918年春季的攻势遇到的主要困扰是他们那不登大雅之堂的拙劣战术（这些战术未能充分利用攻势发动之初“暴风突击队战术”赢得的优势）和德军那并不清晰的战争目标。德军在没有清晰目标的情况下也曾取得过显著的进展。

不论如何，MG08在一战中的表现是卓越的。这种机枪在后来魏玛共和国时期的德国陆军中继续服役并一直服役至二战期间。这主要是为了补足较新式的MG34机枪的数量缺口。MG08机枪的声名是如此令人恐惧，以至于每一款德国自动武器都以“施潘

勃朗宁M1903手枪

1918年配属于德意志帝国陆军第2掷弹兵团“国王弗里德里希四世”团（第1波美拉尼亚团）

一战期间，厂家共为德国陆军生产了超过5万支勃朗宁M1903手枪。该手枪采用8发容弹量的弹匣供弹。袖珍“口袋版”改型也同步生产以供应民用市场。

技术参数

制造国：德国	年份：1914
枪管长：101.5毫米（4英寸）	枪口初速：282米/秒（925英尺/秒）
口径：7.65毫米（0.301英寸）	供弹方式：8发弹匣
	重量：0.77千克（1.7磅）
全长：165毫米（6.5英寸）	射程：30米（98英尺）
	工作方式：自由枪机式

德莱赛M1907型手枪

1918年配属于德意志帝国陆军第40预备役步兵团

该枪受勃朗宁M1900手枪设计的影响很深。起初，德国和奥地利军官会得到配发的德莱赛手枪；后来，德国“人民暴风突击队”在二战中也曾用过该型手枪。

技术参数

枪管长：92毫米（3.6英寸）	制造国：德国
口径：7.65毫米（0.301英寸）	年份：1907
供弹方式：7发可拆卸式单排弹匣	枪口初速：300米/秒（984英尺/秒）
全长：160毫米（6.3英寸）	工作方式：自由枪机式
射程：50米（164英尺）	重量：0.71千克（1.6磅）

道”之名而为人所知。因为，许多机枪正是由位于柏林施潘道地区的兵工厂生产的。

马克沁08型机枪是德国人根据许可证生产出的一种英国马克沁机枪的改版。马克沁机枪是由出生在美国的英国设计师马克沁设计的。它使用的是7.92毫米（0.312英寸）口径的毛瑟弹药。其射速可达450发/分钟。该枪采用的枪管短后座自动方式和肘节式闭锁结构能够让它在扳机被压下的状态下持续开火。何时停火取决于使用者何时放松扳机或者是何时耗尽其长达250发的弹链。这是一战中最杰出的一款防御性的武器。该枪自1916年起开始批量制造，其月产量峰值曾达每月1.44万挺。

08/15型机枪于1917年春时大量配发到军队士兵手中并很快在战场上取得了成功。

▲ 绍沙M1915机枪

1918年配属于法国陆军第118猎兵师

该枪在当时的法国和美国军队中的装备量都很大，其重量为9千克（20磅），但却被证明不适于激烈战斗的需要。该枪有法制和美制两个版本，分别发射的是8毫米（0.314英寸）和7.62毫米（0.30英寸）弹药。

技术参数

制造国：法国	枪管长：470毫米（18.5英寸）
年份：1915	枪口初速：700米/秒（2300英尺/秒）
口径：8毫米（0.314英寸，使用勒贝尔步枪弹）	供弹方式：20发弹匣供弹
工作方式：枪管长后座	射速：250发/分钟
全长：1145毫米（45英寸）	射程：1000米（3280英尺）
重量：9千克（20磅）	

▲ 短管贝蒂埃M1892/M16卡宾枪

1918年配属于法国陆军第87步兵团

贝蒂埃步枪的巅峰之作是其5发容弹量的卡宾枪改型，即贝蒂埃M1916步枪。轻装部队、骑兵和侦察兵比较偏爱这种步枪。

技术参数

制造国：法国	枪管长：453毫米（17.8英寸）
年份：1916	枪口初速：640米/秒（3000英尺/秒）①
口径：8毫米（0.314英寸）	供弹方式：5发固定弹匣（使用桥夹装填）
工作方式：旋转后拉枪机	
全长：945毫米（37.2英寸）	
重量：3.1千克（6.8磅）	
射程：500米（1640英尺）	

① 换算错误，应为2100英尺。

技术参数

制造国：德国	枪管长：195毫米（7.75英寸）
年份：1918	枪口初速：395米/秒（1300英尺/秒）
口径：9毫米（0.35英寸）	供弹方式：32发蜗式弹鼓
工作方式：自由枪机式	全长：815毫米（32英寸）
重量：4.2千克（9.25磅）	
射程：70米（230英尺）	

▲ **伯格曼MP18冲锋枪**

1918年配属于德意志帝国陆军第73燧发枪团

这是世界上首款供地面部队使用的实用型冲锋枪。其射速可达500发/分钟。这种枪械直至20世纪60年代依然是步兵自动武器设计的参考基础。

尽管这种机枪较为笨重且需要4人操作，但仍是一款成功的枪械。到“米切尔攻势”发动时，每个步兵连大约能分到6挺MG08/15机枪，即每个团最多72挺，这个数据不包括那些已经在役的MG/08重机枪。

一战期间总共约生产了13万挺MG08/15机枪，这其中大部分是由位于施潘道、埃尔福特的兵工厂和私营德意志武器弹药制造公司生产的。MG08机枪的其他改型被加装在飞机上使用，而中国和一些东南亚国家的军队直至20世纪60年代晚期仍然在部队中列装有其各种改型。

首款冲锋枪

德军在米切尔攻势中所使用的最具创意性的武器是贝格曼MP18，它是世界上首款自由枪机式冲锋枪。MP18是由施迈瑟（1884–1953）于1916年研制的，其初期生产工作则交由西奥多·贝格曼武器工厂负责。数月之后，这种枪械就被交到了西线部队手中。实战证明，这款冲锋枪能有效提供针对固定目标的压制性火力、清理战壕内挤作一团的敌军部队。尽管我们不知道MP18具体的产量数据而且该枪械的全面量产直到1918年初才开始，但据信到一战结束时，共生产出了5000–10000支MP18冲锋枪。1918年春季攻势中所部署的MP18冲锋枪数量最多。协约国士兵们也注意到MP18在战场上的存在。他们听见了这款冲锋枪独特的射击声，注意到其高度的灵活性和飞快的射速。MP18的射速可达500发/分钟。1918年春季时，可供装备的MP18冲锋枪数量还相对较少，因此它们主要被发给了新组建的暴风突击队。暴风突击队的主要任务是快速渗透越过敌军战线，为后续大批部队扫清前进的道路。

《凡尔赛和约》禁止德国继续生产MP18冲锋枪；然而在秘密掩护下其生产一直持续到20世纪20年代。尽管从技术上说来MP18不是世界上的首款冲锋枪（因为意大利制造的维拉尔–佩罗萨冲锋枪早在1915年就问世了），但MP18却被认为是同类武器中首款可供地面部队使用的枪械（维拉尔–佩罗萨冲锋枪原计划在飞机上使用，只是在后来才改装供步兵使用）。

MP18冲锋枪所运用的技术超前于其所处的时代；但其有限的产量使其不能对一战的进程产生影响并打破堑壕战的僵局。而这种经过实战检验的武器为冲锋枪和后来半个世纪中单兵自动武器的发展提供了基础。

机枪之间的对比			
型号	机枪组成员	口径	射速
德国 MG 08/15	4	7.92毫米	300-450发/分钟
英国 维克斯Mk I	3	7.7毫米	600发/分钟
法国 哈奇开斯 M1914	3	8毫米	600发/分钟
美国 勃朗宁M1917	4	7.62毫米	450发/分钟

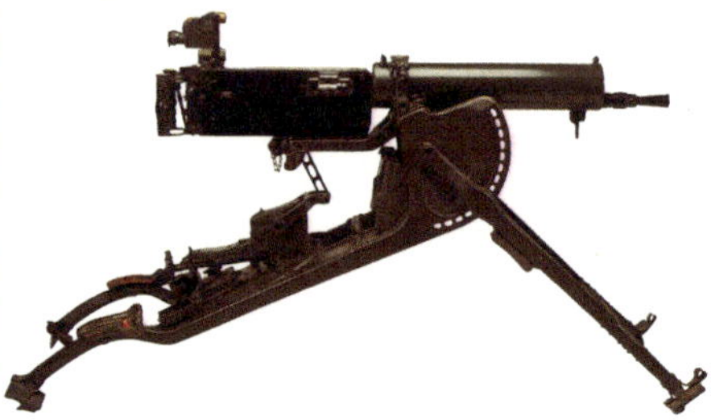

马克沁MG 08/15机枪

维克斯Mk I 型机枪

哈奇开斯 M1914

勃朗宁M1917

韦伯利-斯考特1912手枪

1917年时配属于正在勒阿弗尔地区作战的英国陆军第5营西约克郡团

该手枪是配发给皇家空军飞行员和皇家骡马炮兵的制式手枪。该枪发射的是11.55毫米（0.455英寸）口径重弹，采用6发容弹量弹匣供弹。

技术参数

制造国：英国
年份：1912
口径：11.55毫米（0.455英寸）
工作方式：枪管短后座
全长：216毫米（8.5英寸）
重量：0.66千克（1.51磅）
枪管长：127毫米（5英寸）
枪口初速：220米/秒（720英尺/秒）
供弹方式：6发弹匣
射程：20米（66英尺）

技术参数*

制造国：英国	枪管长：640毫米（25.2英寸）
年份：1916	枪口初速：634米/秒（2080英尺/秒）
口径：7.7毫米（0.303英寸）	供弹方式：10发固定弹匣
工作方式：旋转后拉枪机	射程：100米（328英尺）
全长：1133毫米（44.6英寸）	
重量：3.93千克（8.625磅）	

*：以上数据为无手榴弹装填时步枪的正常数据。

▲ **李恩菲尔德弹匣式短步枪Mk III型，枪口加装了一具手榴弹抛射器**

1917年时配属于英国远征军第4营惠灵顿公爵旅（西部骑兵团辖下）

该步枪枪身和枪管是用黄铜丝缠绕起来增加强度，以防止在发射手榴弹时枪身炸裂。作为榴弹枪使用时，其所配备的是一枚5号MK I 1916密尔斯手榴弹。

美国远征军 1917–1918

当美国于1917年4月参加一战之时，其还远未做好提供部队和战争物资的准备。但首名美军远征军士兵还是在90天内就抵达了法国。

当首批美国士兵抵达法国并在巴黎展开分遣队游行时，据说其指挥官约翰·J·潘兴（1860–1948）曾说过这样一句话："拉斐特，我们就在这里！"最终，美军部队被大量部署，到1918年5月，共有超过100万美军抵达了西线前线，其中有半数部队进驻了战壕和协约国的前进阵地。饱受厌战情绪困扰的英法军队非常欢迎美军；然而，当有些协约国指挥官要求美军在外籍指挥官麾下作战时，分歧就出现了。潘兴设法维持住了他对美军的独立指挥权。当有些部队跟在英法军队后面获得战斗经验的同时，潘兴正不知疲倦地操练其士兵。

在法国人的指挥下，美军第1师于1918年5月18日在康蒂格尼发动了自己的首次攻击行动。后来"第二次马恩河战役"（此战的地点在贝洛森林和蒂耶里堡）中，美国陆军和海军陆战队击败了当面的德军。结果，美军部队在1918年秋季协约国围攻圣米耶勒突出部和默兹河–阿拉贡攻势期间主打了一些主要行动。在"圣米耶勒战役"中，潘兴率领的是美军第1集团军共计6个步兵师计50万人。这是到那时为止美军最为庞大的一次军事行动。在美军参加一战期间，美军约有11.7万人阵亡，20.4万人受伤。在潘兴指挥权势最大时，他手下共有超过100万的美国、法国军队。

斯普林菲尔德的特例

虽然美国远征军在美国于1917年向同盟国宣战后几周内就抵达了法国，但是这种快速反应的代价是，其大多数重武器都被留在美国待运。所以美军使用的飞机和大炮基本都是由英法制造的。但是谈到步兵轻武器的时候，情况就不同了。美军使用的主要是春田M1903步枪。这种步枪是毛瑟G98步枪的山寨版，由位于马萨诸塞州斯普林菲尔德市的春田兵工厂生产。

虽然该步枪相较于原始的毛瑟设计有些细微的改动（美军在美西战争中所面对的正是正版的毛瑟步枪），春田M1903步枪基本上与德国毛瑟的设计差别很小。实际上，毛瑟公司最终因为这种相似性而起诉美国政府并获得了美国偿付的特许使用费。美军指挥官们曾经为选择一款合适步枪的问题而困扰多年。他们购买过德国的毛瑟G98，也买过挪威的克拉格-约根森步枪。春田M1903型步枪于1905年列装美军部队服役，直到1937年美军换装M1伽兰德步枪时才被取代。春田M1903步枪的狙击改型则时至今日仍在服役。春田M1903A4型步枪定型于1942年，这是美军首次尝试定型的一款标

柯尔特M1911手枪

1917年配属于美国远征军第2师第9步兵团

柯尔特M1911手枪在美国陆军中的服役期长达70年，后来改称为M1911A1。该枪由约翰·勃朗宁设计，采用倾斜枪管铰链式、枪管短行程后坐式系统。

技术参数	
制造国：美国	枪管长：127毫米（5英寸）
年份：1911	枪口初速：262米/秒（860英尺/秒）
口径：11.43毫米（0.45英寸）	供弹方式：7发弹匣
工作方式：枪管短行程后坐作用式	重量：1.1千克（2.425磅）
全长：216毫米（8.5英寸）	射程：30米（98英尺）

史密斯威森M1917手枪

1917年配属于美国远征军第26师第102步兵团

该枪采用两只半月形弹仓装填。为缓解美军中的手枪短缺情况，史密斯威森手枪被采用并在军中开始服役。上述这种手枪需要通过这种半月形弹仓来夹住11.43毫米（0.45英寸）口径的无缘弹。

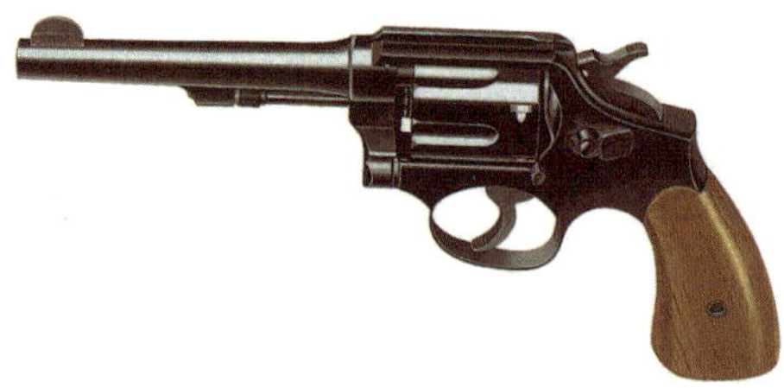

技术参数	
制造国：美国	枪管长：185毫米（7.3英寸）①
年份：1917	枪口初速：198米/秒（650英尺/秒）②
口径：11.43毫米（0.45英寸）	供弹方式：6发弹巢
工作方式：转轮式	射程：20米（66英尺）
全长：208毫米（11.75英寸）③	重量：1.08千克（2.4磅）

柯尔特0.45英寸军用1917型手枪

1918年配属于美国远征军第42师第165步兵团

这是美军最后一款制式配发军用转轮手枪。该枪于一战期间被迫进入现役部队服役直至有足够数量的M1911半自动手枪替换下它们时为止。

技术参数	
制造国：美国	枪管长：140毫米（5.5英寸）
年份：1917	枪口初速：198米/秒（650英尺/秒）
口径：11.43毫米（0.45英寸）	供弹方式：6发弹巢
工作方式：转轮式	全长：273毫米（10.75英寸）
重量：1.13千克（2.5磅）	射程：20米（66英尺）

① 有误，应为140毫米。
② 有误，应为232米/秒。
③ 有误，全长为270-274毫米不等。

柯尔特M1911军用产量数据	
时间	总量
1912年	20000
1913年1月至1915年1月	90000
1915年2月至1918年10月	440000
1918年11月至1919年4月	180000

准化的狙击步枪。春田M1903步枪发射的是7.62毫米（0.30英寸）口径0.30–06型或0.30–03型弹药。尽管该枪的长度比同时代的其他步枪要短，它却既精确又坚固耐用，广受部队欢迎。训练有素的士兵能用它在平均一分钟内打出15发子弹。该枪采用5发容弹量的弹夹装填，为内置固定弹匣。一战爆发前，其产量达到了80万支；而其最终总产量也达到了数百万支。

“争吵者”勃朗宁重机枪

尽管事实上到一战结束前总共只有约1200挺勃朗宁M1917型重机枪下发到了前线部队手中，这种枪还是因其表现而声誉卓著，被誉为第一流的防御利器。该机枪总重为47千克（103磅）；这其中包括了机枪本身、一具三脚架、冷却枪管所需的水的重量、一标准份的子弹的重量。它比德国MG08机枪和英国维克斯Mk I型机枪的重量都更轻，但射速却仍为450发/分钟，与前面这两者基本相当。如果只计算枪身重，它比德制MG08机枪或英制维克斯机枪都要轻很多。

由于勃朗宁机枪数量不足，绝大部分的驻法美军部队装备的是英国维克斯机枪，这些机枪由柯尔特或法国哈奇开斯制造。勃朗宁M1917机枪的服役时间随后延绵长达半个世纪之久，在这段时间内，它得到了改进并被命名为M1917A1。M1917机枪的研发始于19世纪到20世纪之交。那时，约翰·勃朗宁试图发明一款适于使用的后坐作用式水冷型机枪。其卡铁起落式闭锁机构相较于传统的肘节闭锁机构是一种很大的进步（马克沁本人比较偏爱肘节闭锁式设计，他是欧洲各种主战机枪之父）。当美国政府于1917年春向几家潜在的生产商征集设计方案时，勃朗宁的入选方案样机在不卡壳、无过热的情况下连续发射了2万发子弹。

那些被派到法国去的美军部队中，约有三分之一领到了勃朗宁M1917机枪。但是这种机枪在一战中的使用时间总共只有短短的10周左右。M1917A1对其原本就很成功的设计进行了进一步完善，加装了一块机匣底板；然而，M1917原始型的设计被证明已经可以胜任防御用途而绰绰有余。后来它被M60机枪取代。

美国远征军

美国远征军部队。美军第一支先遣部队于1917年抵达英国并被预备部署到一战西线战场，在准备作战的同时稍事休息。配发给他们的春田M1903步枪就成堆放在他们面前。

▲ 春田M1903型步枪

1917年时配属于美国远征军第42师第168步兵团

春田M1903型步枪以毛瑟的设计为蓝本。该枪于1905年列装美国陆军现役服役，直至其1937年被M1伽兰德所取代为止，它都是美国陆军配发的标配枪械。而其服役年限则又延长了数十年。

技术参数

制造国：美国
年份：1903
口径：7.62毫米（0.30英寸）
工作方式：旋转后拉枪机
重量：3.9千克（8.625磅）
枪管长：610毫米（24英寸）
全长：1115毫米（43.9英寸）
枪口初速：823米/秒（2700英尺/秒）
供弹方式：5发内置弹仓，由桥夹顶部装填
射程：750米（2460英尺）

▲ M1917型恩菲尔德步枪

1918年配属于美国远征军第41师第161步兵团

该枪为稍早前的P14型步枪的改进型，由英国和美国设计师共同研制。它使用美制7.62毫米（0.30英寸）0.30-06型弹药。

技术参数

制造国：英国/美国
年份：1917
口径：7.62毫米（0.30英寸）
工作方式：旋转后拉枪机
全长：1175毫米（46.25英寸）
重量：4.17千克（9.2磅）
枪管长：660毫米（26英寸）
枪口初速：823米/秒（2700英尺/秒）
供弹方式：5发内置弹仓，由桥夹顶部装填
射程：500米（1640英尺）

技术参数

制造国：美国
年份：1917
口径：7.62毫米（0.30英寸）
工作方式：导气式
全长：11.43毫米（47英寸）
重量：7.26千克（16磅）
枪管长：610毫米（24英寸）
枪口初速：853米/秒（2800英尺/秒）
供弹方式：20发容弹量直下型弹匣
射程：1000-1500米（3280- 4921英尺）

▲ 勃朗宁BAR步枪

1918年配属于美国远征军第1师第16步兵团

勃朗宁自动步枪（BAR）为前进中的美国陆军提供自动火力支援。该枪分量很重，自身携带的弹药数量仅有20发。

技术参数

制造国：美国	枪管长：610毫米（24英寸）
年份：1917	枪口初速：850米/秒（2800英尺/秒）
口径：7.62毫米（0.30英寸）	供弹方式：帆布弹链供弹
工作方式：水冷、枪管短后座	射速：450发/分钟
全长：980毫米（38.5英寸）	射程：2000米（6560英尺）
重量：15千克（32.75磅）	

勃朗宁M1917重机枪

1918年配属于美国远征军第1师第1机枪营

该机枪是一种优秀的防御武器，其射速可达450发/分钟，而经过改进的M1917A1机枪射速可达600发。M1917机枪在美军和其他各国军中服役超过半世纪之久。

达达尼尔海峡战役 1915

达达尼尔海峡战役在协约国原始计划中的主要构想目的是给奥斯曼土耳其以沉重打击，如有可能，则应该占领君士坦丁堡。但该战役最后以英联邦部队的惨败收场。这些部队暴露在加里波利地区敌军的密集火力下进行登陆，其崩溃血腥无比。

在这场首次由澳大利亚和新西兰组成的“澳新军团”（ANZAC）主打的一战战役中，他们遭受了惨重的损失，但是却在这一过程中为他们自己的国家赢得了一种国家身份的认同。虽然他们既未能进抵奥斯曼土耳其帝国首都君士坦丁堡，也未能打通通往沙俄的后勤运输线，在时而非常糟糕的组织指挥下，他们仍然英勇作战。

在1915年初，英国皇家海军和法国海军一道，针对土耳其设在达达尼尔海峡上的堡垒发动了一系列不成功的海军攻击行动。达达尼尔海峡沟通了爱琴海和马尔马拉海。这些袭击都以令人汗颜的损失而告终。于是，协约国决定，有必要发动一次陆地进攻战役以确保通过达达尼尔海峡前往博斯普鲁斯海峡和黑海的航线的安全。4月25日，英法联军在加里波利半岛的赫勒斯角登陆，澳新军团在位于爱琴海海滨的伽巴帖培(Gaba Tepe)登陆。为纪念澳新军团在这里的牺牲，伽巴帖培附近的小海湾自此被称为“澳新军团湾”。

英法联军在以上两处的登陆行动都遭到了激烈抵抗。在赫勒斯角，高级指挥官未能利用防御薄弱地带所带来的机会。相反，其所部士兵在靠岸和登岸过程中遭受了惨重伤亡。运输舰“克莱德”号无意中冲滩搁浅，那些在船上的倒霉蛋们被命令将船只从受困的浅滩上移出。他们发现自己正面对着土耳

▲ **FN公司M1889型毛瑟步枪**

1915年配属于土耳其陆军第57步兵团

该枪是为了完成早先签订的供应M1887型毛瑟步枪的合同而交付的。该枪也是比利时陆军的制式装备。这种土耳其版本的M1889型毛瑟也被称作M90型步枪，其中有一部分是短管的卡宾枪版本。

技术参数

制造国：比利时	枪管长：780毫米（30.6英寸）
口径：7.65毫米（0.301英寸）	年份：1889
工作方式：旋转后拉枪机	枪口初速：610米/秒（2000英尺/秒）
全长：1295毫米（51英寸）	供弹方式：5发内置弹仓
重量：4.1千克（8.8磅）	射程：1000米（3280英尺）

▶ **毛瑟C96手枪**

1915年配属于土耳其陆军第35团

半自动毛瑟C96手枪是一款使用高药量的7.63毫米（0.30英寸）弹药的手枪。至少有1000支毛瑟C96手枪被交付给了土耳其陆军并被命名为“1897式土耳其陆军毛瑟”。

技术参数

制造国：德国	枪管长：140毫米（5.51英寸）
年份：1896	枪口初速：305米/秒（1000英尺/秒）
口径：7.63毫米（0.30英寸）	供弹方式：6或10发容弹量整体式弹匣或可拆卸式弹匣
工作方式：枪管短行程后坐作用式	
全长：295毫米（11.6英寸）	
重量：1.045千克（2.3磅）	射程：100米（328英尺）

其人的机枪，这些机枪无时无刻不在收割其性命。最初登岸的英军皇家汉普郡和皇家芒斯特燧发枪团的200名士兵中，只有21人幸存下来并设法抵达滩头。

尽管土耳其军队在赫勒斯角和“澳新军团湾”都遭到了强大的压力，他们还是抵御住了英联邦军队和法军的进攻，英法方面还得到了海军舰炮的支援。在赫勒斯角，土耳其中校穆斯塔法·凯末尔意识到自己正处于绝望的境地。他因此给自己的第57步兵团下达了一道命令，大意如下：“我并不指望你们发动攻击。我命令你们战斗到死。在我们全部战死的时候，其他兄弟部队和别的指挥官会来到这里并接管我们的阵地”。

凯末尔在加里波利附近的这次战斗中幸存下来，后来他成了“现代土耳其之父”。作为土耳其共和国的首任总统，他赢得了“阿塔图尔克”的称号①。

致命僵局

与其说冒险发动的达达尼尔海峡战役是一场速胜战，还不如说它最后滑向了致命僵局的深渊。英联邦各国军队开始在1915年末至1916年初期间撤离此地。“加里波利战役”是时任第一海军大臣温斯顿·丘吉尔的空想产物。他也因为这一战役的失败而在政治上遭遇了严重的挫折。然而，一代人的时间过去之后，他又以一种英雄的面目重新出现在公众面前，在二战的黑暗时期中以首相的身份来领导整个英国。整个达达尼尔海峡战役期间，英联邦军队的伤亡总计为4.4万人阵亡，9.7万人受伤。土耳其军队方面则有8.7万人阵亡，16.5万人受伤。

达达尼尔海峡战役以及整个一战期间，

① 突厥语，意即“突厥人之父”。

▶ 韦伯利–斯科特Mk VI手枪

1915年配属于英联邦陆军第5澳大利亚旅第20营

这是韦伯利-斯科特公司制造的几种坚固结实的转轮手枪之一。它于1915年列装部队开始服役。该手枪使用较大号的11.55毫米（0.455英寸）口径弹药。韦伯利-斯科特公司曾为这种手枪制造了一种刺刀，但后来发现该刺刀纯属多此一举。

技术参数

制造国：英国	枪管长：152毫米（6英寸）
年份：1915	枪口初速：198米/秒（650英尺/秒）
口径：11.55毫米（0.455英寸）	供弹方式：6发弹巢
工作方式：转轮式	全长：279毫米（11英寸）
重量：1.1千克（2.425磅）	射程：20米（66英尺）

▲ 李恩菲尔德弹匣式短步枪Mk III型

1915年配属于英联邦陆军第5澳大利亚旅第20营

这款步枪被许多与英军一同作战的英联邦各国部队所装备。最终定型版本的李恩菲尔德弹匣式短步枪于1907年列装英军部队并服役。它使用的是一种高初速的7.7毫米（0.303英寸）弹药。

技术参数

制造国：英国	枪管长：640毫米（25.2英寸）
年份：1907	枪口初速：634米/秒（2080英尺/秒）
口径：7.7毫米（0.303英寸）	供弹方式：10发固定弹匣（使用5发容弹量的弹夹装填）
工作方式：旋转后拉枪机	
射程：500米（1640英尺）	
全长：1133毫米（44.6英寸）	重量：3.93千克（8.625磅）

土耳其陆军使用的各种武器中，有一款步枪与比利时FN公司生产的M1889型毛瑟步枪很相似。这种枪械被称之为毛瑟M90步枪。这是德国人为完成一份早已签订的德土两国之间的军火合同而做的让步。原本按合同约定，德国应交付的是M1887型毛瑟步枪。但是这份军火合同中有一条条款约定了："如果任何别国购买了M1887型毛瑟的改进型号，那么在此事件发生之后，土耳其都相应有权要求德国军火生产商有义务将本订单的枪械也同样进行改进并交付"。当比利时人购买了毛瑟M1889型步枪之后，德国用M90型步枪补足了土耳其订单中尚未交付的部分。M90型毛瑟步枪也是基于M1889型步枪改进而来的。

正如毛瑟M1889型步枪一样，旋转后拉枪机的毛瑟M90型步枪使用的是7.65毫米（0.301英寸）口径弹药，采用5发容弹量的固定弹匣供弹。这种弹仓比以前老式武器上使用的那种管状弹仓已经是种很大的进步了。随着后面改为只要拉开枪机，就可以使用弹夹直接向弹仓装填5发弹药，比管状弹仓那样一发一发地装填省事儿多了。

毛瑟C96式半自动手枪是达达尼尔海峡战役时，土耳其士兵装备的另外一种从德国进口的武器。该枪绰号为"扫帚柄"，使用7.63毫米（0.30英寸）弹药，采用6发或10发容弹量的整体式弹匣或者可拆卸式弹匣供弹。很多列装土耳其军队的毛瑟C96手枪是合并在1897年土德两国之间签订的首份军火合同中交付的，总数为1000支。这些手枪被命名为"1897年式土耳其陆军毛瑟"，枪上加有特殊标记，譬如伊斯兰教教历1314年的年份。

第二章

第一次世界大战：东线、意大利与巴尔干诸国

一战的爆发始于奥匈帝国大公
弗兰茨·斐迪南在萨拉热窝遇刺。
最终，
同盟国与协约国之间的军备竞赛和
潜在的对扩张领土的渴望共同作用，
引发了一连串的总动员和宣战。
由于交战各国主要在3个战场上开战，
一战的全球性显而易见。这3个战场是：东欧西欧南欧、中东
和赤道非洲、世界各个大洋。
俄国广阔的领土和似乎无穷尽的人力资源笼罩着东线。
这迫使同盟国削弱其在其他方向上的部队实力。
正如预料中最糟糕的前景那样，双线消耗战已经超过了
德国资源的能力极限。

◀ **堑壕战**

春季化冻期期间，俄国士兵在战争间隙用餐。俄军的莫辛纳干步枪被放在战壕口沿上，万一俄军位置受到攻击可立即反击。

导言

军事、政治和理念的冲突给一战中的东线战场火上浇油。因为同盟国（尤其是德国）发现，他们必须在多个战场上同时打一场代价高昂的战争，其地理界限从广袤平坦的东欧的大草原一直到崎岖的喀尔巴阡山。

一战东线战场绵延广大，其战线北起波罗的海，南至黑海，总计约1600公里（1000英里）长。因为各交战国的军力都时不时地被摊薄在各个地方，静坐不动的奇怪堑壕战在东线并没有如同西线那样发展起来。尽管从总数上看，交战国在东线确实部署了很多军队，但是从后勤学的观点来看，要形成集群的大规模兵团是不可能或者很困难的。所以，交战双方各自成功的突袭行动确实是有可能突破对方防线的，但最终他们的突破会被自己糟糕的后勤瓶颈拖累，而不是被敌人所打败。

随着敌对行动的爆发，德国最高统帅部的预判是：法国将是自己的主要敌人。因此，德国人把主要的兵力和装备放在了西线。而这时，沙俄军队员额总数大约是德军摆在东部边界上的那10个师的两倍之多。而且俄国人动员和征召额外兵力的潜力比德国及其奥匈帝国盟友要大得多。但是在某种程度上，德军的纪律、军队体制架构、武器和装备的完善相对弥补了这种人力资源上的不足。

鉴于全欧洲的政治气氛和急剧积累的爆发敌对冲突的可能性，德国最高统帅部完全预料到了己方将要在至少两条战线上同时作战，法国和英国在西线武装起来的同时，俄国在东线也发动了战争。1905年末，德军陆军参谋总长阿尔弗雷德·冯·施里芬

坦能堡战役

“坦能堡战役”期间，德军士兵们背着塞得满满的背包，戴着标志性的鞣制皮革制成的尖顶头盔，正爬上一个斜坡。

▲ **革命的力量**

身着沙俄军队制服的早期俄国革命者们正在用手中的莫辛纳干步枪练习瞄准想象中的敌军。

（1833–1913）制订了一份可能会用到的作战计划。在这份计划中，他提出要对法国发动快速闪击，在此期间要在东线国境线上保持对俄国的防御兵力以便困住俄军。施里芬解释说，闪击并迅速打垮法国将使得英国和俄国不愿意继续这场战争，这样德国在接下来的一轮和平谈判中就能处于有利地位。

俄国人同样也估计到了与德国以及奥匈帝国爆发战争的可能性，他们所做的应对措施是在1910年研究出了《第19号作战方案》。该方案由尤里·丹尼洛夫将军（1866–1937）主要负责，其中准确预见到了德国人进攻的重点是法国，而且该方案还强烈建议俄军发动对普鲁士的入侵行动。在这次计划中的入侵行动中，俄军将动用19个军，总共编成4个野战集团军。到1912年时，《第19号作战方案》经过修改，主要变为更加直接地针对已经预感到的奥匈帝国的威胁。因作战方案的更改导致了俄军兵力部署的调整，原计划用于入侵普鲁士的军队人数削减了一半，减下来的人转而被放在了与奥匈帝国军队对峙的前线。

俄国人非常清楚德国武器的质量和生产量都很高、德军训练方案也很严整、征兵系统更是高效。德军每年可新征召约30万士兵。然而，奥匈帝国和奥斯曼土耳其的军队力量也是不能忽视的。1914年的奥斯曼土耳其军队大约只有25万人，但是仅仅数月之后，其人数就超过了50万。有时，德国顾问为奥斯曼土耳其军队提供训练方面的协助，也支援他们一些武器并且慢慢教给他们一些德军的作战条例。

如同在西线一样，东线战场上的部队主要装备的是旋转后拉枪机步枪，同时也依赖于所能找到的任何机枪。德国、奥匈帝国和俄国的国营兵工厂和私人承包商都在生产武器，但意大利生产的武器却首先用在了意大利北部边境地区。

巴尔干序幕 1914-1915

从单发手枪里射出的子弹暗杀了奥匈帝国皇室成员[①]并由此把整个世界拖入了迄当时为止有史以来代价最为高昂的军事冲突中去。

波斯尼亚地区的塞尔维亚族人、塞族民族主义者加夫里洛·普林西普（1894-1918）于1914年6月28日在萨拉热窝刺杀了奥匈帝国大公弗兰茨·斐迪南（1863-1914）及其妻霍恩公爵夫人苏菲（1868-1914）。从他的手枪里射出的子弹显著地改变了历史的轨迹，启动了一战各国之间令人恐怖的互相总动员。普林西普选择了勃朗宁FN M1910型[②]自由枪机式半自动手枪作为自己的武器。到那时为止，勃朗宁已经为柯尔特公司和“比利时国营兵工厂”[③]做出了好几款成功的设计。然而，正当柯尔特决定继续生产M1910型手枪的时候，勃朗宁把生意的重心转向了欧洲，并在那里申请了这一武器的专利。普林西普所使用的手枪装有一个7发容弹量的可拆卸式弹匣，弹药口径则为7.65毫米（0.301英寸）。有一些这类武器最终流入了巴尔干各国的极端民族主义恐怖分子手中，其中包括被称之为“黑手”的地下影子组织。普林西普被人向这一组织报称为“一名同情者”。

▶ **加瑟工厂生产的黑山手枪**

1914年配发给奥匈帝国陆军第41步兵旅使用

黑山手枪的星形自动退壳机构能够协助排出发射后弹巢内的空弹壳。枪管朝下进行弹药重新装填时，退壳机构自动将弹壳挤出。

技术参数

制造国：奥匈帝国	枪管长：135毫米（5.3英寸）
年份：1870	枪口初速：168米/秒（550英尺/秒）
口径：11.2毫米（0.44英寸）	供弹方式：5发转轮弹巢
工作方式：转轮式	全长：185毫米（7.28英寸）
重量：1.3千克（2.9磅）	射程：20米（66英尺）

随着奥匈帝国向塞尔维亚宣战，其他主要大国跟风行动。德国重申了它对奥匈帝国的支援义务，与此同时俄国人则保证确保塞尔维亚的主权独立。冲突的多米诺骨牌就此倒下。1914年时，塞尔维亚军队规模为5个师。这一员额迅速翻倍。配备武器的塞尔维亚男性人数则增长至18万人。这些人中有很大一部分都装备着过去20年间流入塞尔维亚的那些俄制武器。

塞尔维亚陆军使用的各种步兵武器中，最突出的是伯丹系列步枪。该枪由美国发明家海勒姆·伯丹（1824-1893）发明并在俄国制造。其生产自19世纪60年代晚期开始一直持续到1891年。活盖-后膛装弹的伯丹I型活门步枪和单发式的旋转后拉枪机伯丹II型在俄军中曾广为使用，甚至一直持续到20世纪初他们拿到新式莫辛纳干步枪以后，情况依然如此。伯丹系列步枪也在芬兰和保加利亚的军队中有所列装。到1914年时，总计有超过7.5万支步枪被出口至塞尔维亚。早期型的伯丹步枪发射的是一种大口径重型弹药，直

① 即斐迪南大公。
② 比利时FN公司造。
③ 即FN公司。

径10.75毫米（0.42英寸）。训练精熟的士兵使用这款步枪每分钟能够打出6–8发子弹。

巴尔干诸国使用的随身佩枪中，有一款"黑山转轮手枪"。它由奥地利加瑟公司制造，发射11.2毫米（0.44英寸）弹药。"黑山手枪"起初是在1870年前后专为奥匈帝国骑兵设计的；当时，史密斯威森2号手枪在美国"南北战争"期间已成为私人可自由购买的手枪并普及开来。史密斯威森2号手枪使用的是一种8.1毫米（0.32英寸）口径的弹药。

▲ **伯丹步枪**

1914年配属于塞尔维亚陆军第2季莫克步兵师

大量精确度极高的伯丹步枪被分为两种型号进行制造并在一战之前供应给沙俄军队。这种步枪也出口至一些与沙俄友好的邻国。

技术参数

制造国：美国/俄国①	年份：1869
枪管长：830毫米（32.67英寸）	枪口初速：未知
口径：10.75毫米（0.42英寸）	供弹方式：单发射击，后膛装填
工作方式：伯丹I型为活门式；伯丹II型为旋转后拉枪机	全长：1300毫米（51.18英寸）
重量：4.2千克（9.25磅）	射程：280米（919英尺）

▶ **勃朗宁FN M1910型**

普林西普1914年6月即使用该型手枪暗杀了斐迪南大公

M1910型手枪因其充满创意的复进簧环绕枪管的设计和三重保险的安全设置而引人注意。它额外在套筒座后部左侧位置加装了一处手动保险，握柄和弹仓中也有另外的保险机构。这种复进簧环绕枪管的设计在后来的著名手枪，譬如德国的瓦尔特PPK手枪上也能看到。

技术参数

制造国：比利时	枪管长：88.5毫米（3.5英寸）
年份：1910	口径：7.65毫米（0.301英寸）或9毫米（0.35英寸）
工作方式：枪管短后座	枪口初速：299米/秒（981英尺/秒）
全长：154毫米（6英寸）	
重量：0.57千克（1.25磅）	
射程：30米（98英尺）	供弹方式：6发或7发弹匣

▼ **公路行军**

1916年4月，下图中的塞尔维亚部队已经装上刺刀，正在行军前往他们位于米克拉附近的营地。随着奥匈帝国发动对塞尔维亚的入侵，英法两国决定自1915年起重新武装塞尔维亚陆军。

① 即该枪的原型是在美国完成的，但改进和批量生产却在沙俄进行。

俄国方面的战争 1914-1917

在遭受了700万人死亡、受伤或被俘的惨剧之后，与同盟国的战争将会和市民暴动一道埋葬沙皇俄国政权。

沙皇俄国境内日益扩大的阶级差异引发了其主要城市街头的暴力事件。这种暴力活动自19世纪到20世纪之交那时起就不时出现。而沙俄民族成分的复杂性以及高涨的民族情绪则使得这个东欧巨无霸国家平静的表面下暗流汹涌。这些因素都动摇了沙皇尼古拉二世（1868-1918）的统治。沙皇及其部长们一面试图维持俄国与位于动荡不安的巴尔干半岛上的塞尔维亚之间的密切关系；另一方面又试图在共同抵御德国的活动中巩固俄国与法国的关系。俄国还想要扩张其对东欧小国的影响力，尤其是其对波罗的海三国（立陶宛、爱沙尼亚、拉脱维亚）和对芬兰在斯堪的纳维亚半岛部分领土的影响力。

在南线上，俄国人长久以来一直在设计和梦想着一个温水港湾。如果能够战胜同盟国（包括土耳其），就有可能为俄国控制博斯普鲁斯海峡和达达尼尔海峡铺平道路。这一线控制了从黑海往地中海的海运。

俄国巨熊

一战爆发之后，沙皇尼古拉二世的堂兄尼古拉斯·尼古拉耶维奇大公（1856-1929）被任命为全俄一切武装力量的前线总指挥。俄国部队总兵力据估计约为略多于140万人；但经过总动员扩军之后预计其总员额将急剧膨胀至500万人。但实际上，由于法律的更改、某些豁免兵役的情况以及管理方面的一些失误，征兵和动员工作的速度显著降低。虽然俄国总人口要比德国多得多，其加强军力的努力效果却并不明显。扩军只是在军队人数方面稍有表现。

俄军中多种多样的民族成分中，包含了那些有着几个世纪之久的血仇的某些民族，这使得“形成一支团结的俄国陆军”变成了一项挑战。而且，俄军陆军士兵中绝大部分来自于农民阶级，要么就没接受过正式教育，即使有接受过也很少。识字的士兵通常被送去炮兵部队，或者占据了军中文职职员的位置。而俄国陆军的军官队伍中十分缺乏基层和高层指挥官。

虽然高军阶的俄国军官对于当代日新月异的军事科技很熟悉、俄国军火生产商也表现出了制造现代化轻武器的能力，他们却没能成功地开展任何一项能与俄国的潜在对手

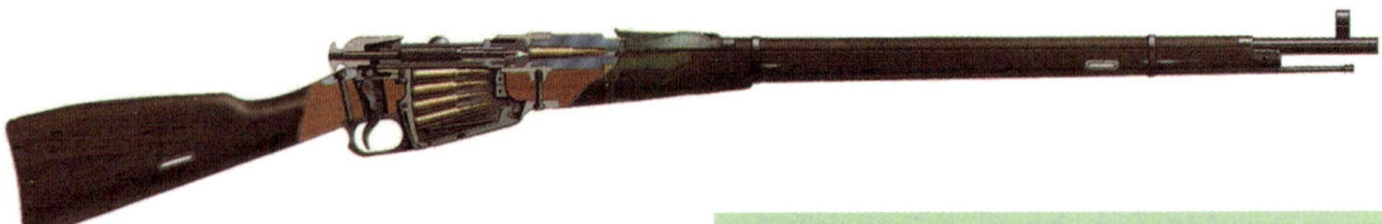

▲ **莫辛纳干M1891步枪**

1915年配属于沙俄陆军第5步兵旅

比利时和俄国设计师联合设计了莫辛纳干步枪，这款坚固耐用的步枪在俄军中服役多年。其总产量总计约3700万支。

技术参数

制造国：沙俄	全长：1305毫米（51.4英寸）
年份：1891	枪管长：802毫米（31.6英寸）
口径：7.62毫米（0.30英寸）	枪口初速：810米/秒（2657英尺/秒）
工作方式：旋转后拉枪机	供弹方式：5发内置弹仓
重量：4.37千克（9.625磅）	射程：500米（1640英尺）

们速度相近的武器生产项目。相反，俄军却默许了先进武器在很大程度上的扩散。

其结果是，到1914年时，俄国陆军每个营只能装备1挺机枪，全部俄军中装备的机枪总共只有4000挺。火炮的生产和维护工作毫无效率，只有一家工厂还在生产野战炮，另有几家工厂负责维护，使得这些火炮还只能算是尽点儿心意罢了。经过动员扩编后的俄军缺乏步枪，兵工厂只能提供据估计装备这些部队所需步枪的三分之二。因此，俄军中至少还缺40万支步枪。战争期间，俄国的步枪产量从1915年的每月7万支提升至1916年时的每月11万支。然而，满足装备俄军的需求则至少需要20万支的月产量，而这一速度从未实现过。

19号计划和坦能堡的灾难

1914年8月亚历山大·西蒙诺夫将军（1859–1914）调动了俄国第二集团军，开始执行修改后的《第19号作战方案》，即入侵东普鲁士。该作战计划于两年前就已经被通过了。西蒙诺夫以蜗牛般的速度向东前进。他原计划与从北方赶来的、由保罗·冯·伦宁坎普将军（1854–1918）所率领的另一支俄军汇合。这一计划被快速推进的德军所阻碍。到8月末，西蒙诺夫在坦能堡被德军包围。

解救第二集团军的行动受到了杯葛或者故意遗忘。这是由萨姆索诺夫在俄国指挥机构中的仇敌造成的。将近10万俄国部队被俘，3万人阵亡。萨姆索诺夫自杀

纳干M1895手枪

1914年配属于沙俄陆军第3骑兵师

这是一种威力强大的佩枪，待击时转轮会前移与枪管尾端闭合，这种设计具有更好的气密性，能够提高枪口初速。

技术参数

制造国：沙俄	全长：229毫米（9英寸）
年份：1895	枪管长：110毫米（4.33英寸）
口径：7.62毫米（0.30英寸）	枪口初速：178米/秒（584英尺/秒）
工作方式：转轮式	供弹方式：7发弹巢
重量：0.79千克（1.75磅）	射程：20米（66英尺）

麦德森轻机枪

1915年配属于沙俄陆军第3近卫步兵师

丹麦制造的马德森轻机枪是世界上首款真正的轻机枪。它可由单兵携带。丹麦陆军于1902年正式选用了这种轻机枪，该枪也被俄军部署在一战战场上。

技术参数

制造国：丹麦	全长：1145毫米（45英寸）
年份：1897	枪管长：585毫米（23英寸）
射速：450发/分钟	枪口初速：715米/秒（2350英尺/秒）
口径：8毫米（0.314英寸，使用M89弹药）	供弹方式：25、30或40发弹匣
工作方式：气冷，导气式	
重量：9千克（20磅）	射程：1000米（3280英尺）

而死，“坦能堡战役”因此作为德军历史上最伟大的一次胜利而被铭记。德军统帅保罗·冯·兴登堡（1847–1934）和埃里希·鲁登道夫（1865–1937）被表彰为国家英雄。

很快，1914年冬季，德军发动的向华沙进攻的攻势就被沙俄阻滞在了罗兹。俄军此次战役遭受了12万人的伤亡并被迫放弃了对西里西亚地区的一次进犯行动。俄国人的伤亡在继续增加。征兵和重新充实俄军快速崩溃的指挥架构的困难日益增加。到1915年底，据估计俄军在此前的6个月时间内已有200万人死亡、受伤或被俘。

在奥匈帝国前线方面，俄军在进攻加利西亚地区的初期曾获得了一些成果。奥匈帝国随后发动的一次反击将俄国人赶了回去。但随后，奥匈帝国军队就被迫向着喀尔巴阡山麓撤退。到1915年秋，俄国才最终被从加利西亚地区赶了出去。

红色政权的兴起

德国人认为，未来一段时间里，在东线取得侵略行动胜利的可能性比较有限。1916年的大部分时间内，东线战场上的战斗都不具有决定性意义。俄国人于1917年夏天发动的“克伦斯基攻势”以失败而告终。尽管俄国已经因为征兵和惨重的伤亡而在几个主要城市里都爆发了动乱，德军高级指挥官还是认为俄国无穷无尽的人力资源是一种不可逾越的障碍。而这种障碍会妨碍德国取得完全而全面的胜利。所以，大部分的德军部队都被集中在了西线，而同时，小股德军继续在东线发动一次战役，以便着重鼓动人民的暴动。

德国政府为流亡中的布尔什维克领导人弗拉基米尔·伊里奇·列宁（1870–1924）回归俄国提供了方便。到1917年秋，“十月革命”让共产党在俄国夺取了政权。《布列斯特和约》于1918年春达成并签字；这实际

技术参数

制造国：俄国	枪管长：720毫米（28.35英寸）
年份：1910	枪口初速：863米/秒（2831英尺/秒）
口径：7.62毫米（0.30英寸）	供弹方式：弹链供弹
工作方式：后坐式，水冷	射速：520- 600/分钟
全长：1107毫米（43.6英寸）	射程：1850米
重量：23.8千克（52.47磅）	

▲ **MP M1910机枪**

1916年配属于沙俄陆军第4步兵师

这款机枪是按照马克沁机枪的许可证生产的，其结构比马克沁机枪要简单。它一般被加装在较为笨重的携行具（两轮机枪架）上而不是常用的三脚架上。

▲ **红军纵队**

一队革命的俄国士兵正在行军，他们肩扛着莫辛纳干步枪，枪上已经装上了刺刀。这些人中大多数都穿着沙俄军装；参加革命和随后的内战的人中，有许多是原来的沙俄旧军队的士兵。

上使俄国退出了一战。尽管同盟国在东线取得了胜利，但在长达3年的战争中，他们却遭受了巨大的伤亡。仅仅德国一国的伤亡数字就高达140万。

东线武装

那些发到前线士兵手中的俄制武器一般说来质量良好，但却从来都数量不足。俄军中最为流行的一款步枪是旋转后拉枪机的莫辛纳干M1891步枪。它由俄军军官谢尔盖·莫辛（1849–1902）和比利时武器制造商莱昂·纳干（1833–1900）联合设计。该步枪最初在比利时制造。随后，俄军采用了这种步枪并开始在俄国本土和美国生产。

莫辛纳干步枪的口径为7.62毫米（0.30英寸），采用5发容弹量的弹匣。实战也证明了这种枪械在东线经常遇到的严酷条件下非常坚实耐用。对莫辛纳干步枪的改造于20世纪30年代开始，这些改进包括加装一种上弹机构，它能够极大地降低卡壳或哑火在战斗中发生的概率。随着其产量逐渐增大，莫辛纳干步枪开始大批列装俄国陆军。到1904年至1905年的“日俄战争”期间，已有约400万支该型步枪列装俄国部队。一战期间，俄国从美国雷明顿和威斯汀豪斯公司订购了额外的320万支莫辛纳干步枪。然而，

▶ **Z字花纹毛瑟手枪**

1915年配属于德国陆军第43步兵团

该手枪转轮外壁上的沟槽是从更为传统的棘轮棘爪机构借鉴而来的一种新尝试。

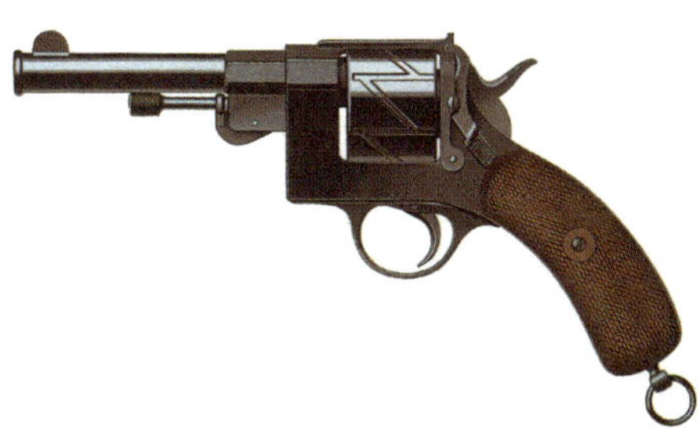

技术参数

制造国：德国	枪管长：165毫米（6.5英寸）
年份：1878	枪口初速：198米/秒（650英尺/秒）
工作方式：转轮式	供弹方式：6发弹巢
口径：10.9毫米（0.42英寸）	全长：298毫米（11.75英寸）
重量：1.19千克（2.625磅）	射程：20米（66英尺）

“布尔什维克革命”的爆发使得美国以此为借口拒绝交付这些武器。莫辛纳干的各种改型在俄国和苏联军队中服役共达数十年之久。到1965年停产时，该步枪的总产量高达约3700万支。

马克沁机枪遭到了各国的仿制，其中，俄国人仿制的型号为PM M1910机枪。俄国人将其口径定为7.62毫米，以便发射俄制7.62毫米（0.30英寸）子弹。这款重机枪采用长度为250发子弹的帆布弹链供弹。与其他国家将机枪装在三脚架上的做法不同的是，俄国人把它装在索科洛夫轮式枪架上。这使其23.8千克（52.47磅）的重量雪上加霜，在某些条件下很难运输。俄国人还给这款机枪加装了一块钢质机枪防盾，这使得MP M1910机枪笨重的特点更加突出。该机枪被证明是坚固耐用的。沙皇俄国陆军和随后的苏联红军并不在意其缺陷，一直使用这款机枪直至二战结束。

▲ 马克沁08/15“轻量版”机枪

1917年配属于德国空军第11战斗机中队

MG 08/15“轻量版”机枪是一款专为机载使用的、气冷式版本的MG 08/15机枪。一战期间，该型机枪总产量约为23000挺。

技术参数

制造国：德国
口径：7.92毫米（0.312英寸，使用毛瑟步枪弹）
工作方式：枪管短后座
全长：1398毫米（55英寸）
重量：18千克（39.75磅）
射速：450/分钟
年份：1915
枪管长：719毫米（28.33英寸）
枪口初速：900米/秒（2953英尺/秒）
供弹方式：50、100或250发弹链供弹
射程：1500米（4921英尺）

▲ 卢格（巴拉贝鲁姆）M14机枪

1917年配属于德国空军第16战斗机中队

该机枪专为飞机上的用途做了改动。德军在固定翼飞机上加装了一款气冷式的M14机枪，而在齐柏林飞艇上加装的则是水冷式机枪。到1918年，则改进出一款供陆地上使用的版本。

技术参数

制造国：德国
口径：7.92毫米（0.312英寸，使用毛瑟步枪弹）
工作方式：后坐式，水冷或气冷
全长：1225毫米（48.25英寸）
重量：9.8千克（21.5磅）
枪管长：705毫米（27.75英寸）
年份：1914
枪口初速：890米/秒（2925英尺/秒）
供弹方式：弹链供弹（弹链置于一具弹鼓中）
射速：650- 750/分钟
射程：2000米（6560英尺）

技术参数

制造国：德国	年份：1915
口径：7.92毫米（0.312英寸，使用毛瑟步枪弹）	枪管长：719毫米（28.33英寸）
工作方式：枪管短后坐，水冷	枪口初速：900米/秒（2953英尺/秒）
全长：1398毫米（55英寸）	供弹方式：弹链供弹
重量：18千克（40磅）	射速：450发/分钟
	射程：3500米（11483英尺）

▲ **马克沁08/15机枪**

1916年配属于德国陆军第4步兵旅

当伴随步兵提供行进间火力支援的需求被人们意识到了之后，重机枪就变得明显更适合担当防御性的角色。因此，以原始型的MG 08为基础，德国人改良出更加轻便的MG 08/15机枪，事实证明了这款改型机枪是一种有效的便携式自动武器。

奥匈帝国陆军 1914–1918

奥匈帝国皇室一直以来都将斯拉夫裔塞尔维亚人看作是对自己控制奥匈境内各族人口的一个威胁。塞尔维亚人刺杀奥匈帝国皇位继承人的行动立刻导致了奥匈帝国对塞尔维亚宣战。

奥匈帝国的常备军总计约为50万人，到1914年夏季，其人数已经增至约100万人。也形成了一份迅速扩军至150万人并最终扩军至330万人的计划方案。虽然，在战争爆发前约有16万人应征入伍，但这些穿上军装的人自己内部就很成问题。奥匈帝国复杂的民族问题一直以来对政府来说就是个长期问题，而其治辖人口中，约有60%的人有各种斯拉夫族裔血统。斯拉夫裔塞尔维亚人还在给奥匈帝国境内高涨的民族主义情绪火上浇油；因此，奥匈帝国某些部队的可靠程度总是遭到怀疑。

奥匈帝国军事统帅部认为他们的邻国塞尔维亚是个恶心人的“玩意儿”，想要发动一场战役来解决掉它。他们认为，这场战役一定是很容易得手的，因为塞尔维亚的国防经费相对来说微不足道，而且其武器装备在一战爆发前也未经过更新。奥匈帝国很有信心能够得到其德国盟友的必要支援，取得一场对塞尔维亚人有决定性的胜利。奥匈帝国因此投身到了一场盲目的行动中去，而他们对这场行动严重缺乏相应的准备。

随着战事的爆发，奥匈帝国陆军在战场上投入了超过100个团的兵力。奥匈帝国陆军的每个步兵连下辖4个排共计267人，其中有军官5人。如同其俄国对手一样，奥匈帝国和俄国军队中的机枪数量都相对较少。因此，奥匈帝国陆军中，机枪分遣队一般都配属于营级部队。他们每支分遣队中只有两挺处于可用状态的施瓦茨劳斯M07型机枪。

随着奥匈帝国军队在“瑟尔山（Cer Mountain）战役”中的失败，奥匈帝国军队的种种不足于1914年暴露无遗。而这时距离弗兰茨·斐迪南大公被刺身亡才只过去了几周而已。在为期3天的战役中，占据了良好位置的塞尔维亚军队的炮兵和步兵单位朝着奥匈帝国方面倾泻着枪林弹雨。此战，奥匈方面损失了23000人，其中有18500人阵亡或受伤。

不论如何，奥匈帝国陆军都尽力对俄国人在东线战场上所呈现的压倒性人力优势状况展开了反制和再平衡。然而这种再平衡却一再需要由奥匈帝国的司令们被迫向德国请求军事援助才能达成。尽管奥匈帝国军队于

弗罗梅尔M1910手枪

1914年配属于奥匈帝国陆军第11步兵团

该手枪的主要特点就是它的枪管后座的行程超过了弹药的长度。其改型为1912年服役的弗罗梅尔M1912型。

技术参数

制造国：奥匈帝国
年份：1910
口径：7.65毫米（0.301英寸）
工作方式：自由枪机式
重量：0.59千克（1.3磅）
枪口初速：335米/秒（1100英尺/秒）
枪管长：108毫米（4.25英寸）
供弹方式：7发容弹量弹匣
全长：184毫米（7.25英寸）
射程：20米（66英尺）

舍恩伯格手枪[①]

1915年配属于奥匈帝国陆军第24步兵团

舍恩伯格手枪是第一款投入商业化量产的半自动手枪。其设计基于早先一代的劳曼1892型，劳曼手枪在民用市场上的销售情况较为失败。

技术参数

制造国：德国
年份：1892
口径：8毫米（0.314英寸）
工作方式：自由枪机式
重量：未知
射程：30米（98英尺）
枪管长：未知[②]
枪口初速：300米/秒（1200英尺/秒）[③]
供弹方式：5发容弹量固定式弹匣
全长：未知[④]

斯太尔-曼利夏M1895步枪

1916年配属于奥匈帝国陆军第90步兵旅

它是一战期间奥匈帝国陆军的制式步枪，其枪机为直拉式旋转后拉枪机。一战结束后，其仍在役长达数十年之久。

技术参数

制造国：奥匈帝国
年份：1895
口径：8毫米（0.314英寸）
工作方式：直动式枪机
重量：3.8千克（8.36磅）
枪管长：765毫米（30.14英寸）
枪口初速：未知
供弹方式：5发内置弹仓
全长：1272毫米（50.12英寸）
射程：500米（1640英尺）

---

① 又译为肖伯格手枪。
② 127毫米。
③ 换算错误，应为984英尺；初速数据本身也有误，应为460米/秒。
④ 270毫米。

1914年时起初曾被俄国人在加利西亚地区的攻势向后挤压，他们还是勉力将俄国人又一次赶走并且守住了位于喀尔巴阡山脉地带的防线。

奥匈帝国陆军在一战中使用的主要步兵武器是斯太尔–曼利夏M1895直拉式枪机步枪。斯太尔–曼利夏步枪在战争中表现优异，比同时代的其他步枪的射速都要高（该步枪的射速达到了惊人的35发/分钟）。这是由于使用该步枪的士兵不需要在重新装填的过程中操作枪栓做动作。然而，直拉式枪机自身不易拉动，因此其操作的阻力比其他型号的步枪要高。

该枪起初采用内置式弹链供弹、5发容弹量的漏夹装填，随后其后继改型就改为使用桥夹装填。斯太尔–曼利夏步枪发射的是8毫米（0.314英寸）口径弹药。该枪的生产期限为1895年至1918年，总产量超过了300万支。直至二战结束时，仍有许多国家的武装力量装备了这种步枪。自那以后，又可在全球范围内的准军事组织和游击队战士手中见到这种步枪的身影。

斯太尔–曼利夏M1895步枪由费迪南德·里特尔·冯·曼利夏（1848–1904）设计，其直拉式枪机为其在使用这种枪的士兵中赢得了“挺举–抽插”[①]的绰号。虽然使用这种直拉式枪机可以获得射速上的优势并提高了该步枪整体上的强力表现，它也带来了维护方面的问题。这种步枪需要经常性的清理，因为直拉式枪机的设计使得枪机内部一旦有火药残渣和污垢之后就很难工作流畅。

1903年，比利时政府曾订购了一批斯太尔–曼利夏步枪来武装其大部分步兵。这些步枪也确实在一战时期装备了比利时部

斯太尔M1911/1912手枪

1915年配属于奥匈帝国第1蒂罗尔皇家猎兵团

M1911型和M1912型斯太尔手枪由奥地利设计，二者的唯一区别是后者枪管前部的准星得到了加强。奥匈帝国陆军在一战爆发时将这些手枪下发给部队，其中有些手枪被改装成了自动手枪。

技术参数

制造国：奥匈帝国	枪管长：128毫米(5.1英寸)
枪口初速：340米/秒（1115英尺/秒）	年份：1911
供弹方式：8发固定弹匣	口径：9毫米（0.35英寸）
全长：216毫米（8.5英寸）	工作方式：枪管短后坐
射程：30米（98英尺）	重量：1.02千克（2.25磅）

罗思–斯太尔M1907手枪

1916年配属于奥匈帝国陆军第2骑兵师

这是世界上第一款被世界大国的陆军装备的半自动佩枪。它一般被配发给骑兵部队，使用专用型的特殊弹药。

技术参数

制造国：奥匈帝国	枪管长：131毫米（5英寸）
年份：1907	枪口初速：332米/秒（1089英尺/秒）
口径：8毫米（0.314英寸）	供弹方式：10发固定弹匣
工作方式：枪管短后坐	全长：233毫米（9英寸）
重量：1.03千克（2.25磅）	射程：30米（98英尺）

① 指其瞄准动作和随后大力拉枪机的动作。

队。该步枪的直拉式枪机也被加拿大的罗斯（Ross）步枪所效仿，但事实证明这种效仿效果叫人大失所望。

罗思（Roth）–斯太尔M1907手枪是有史以来第一款被一个主要大国的军队列装服役的半自动手枪。捷克籍设计师卡雷尔·科恩卡（Karel Krnka，1858–1926)发明了这款手枪。该枪1908年投产，1914年停产，供奥匈帝国军队使用。其自1909年进入现役部队服役，总产量约为10万支。该枪主要在位于奥地利斯太尔的斯太尔–曼利夏工厂和位于匈牙利布达佩斯的费吉福吉亚尔（Fegyvergyar）工厂两地生产制造。

一战爆发前该枪主要发给骑兵部队使用。它只能使用由该枪专用的8毫米（0.314英寸）特殊弹药。该手枪独特的闭锁式后膛和长枪机通过空心机匣整合了枪管和枪机二者的后坐动作。其容弹量10发的弹仓为固定不可拆卸式。

一战结束、奥匈帝国解体后，罗思–斯太尔M1907手枪继续在奥地利、匈牙利、南斯拉夫、意大利、捷克斯洛伐克和波兰的军队中服役。其总产量中，约有54000支在一开始就被下发给了部队官兵，其余部分则被民用市场购买。

奥匈帝国军队所使用的另一款长期服役的手枪是斯太尔M1917枪管短后座自动手枪9毫米（0.35英寸）手枪。M1917手枪是从M1912型衍生出来的，而M1912则又可以追溯至M1907型手枪。

M1912型手枪又称“斯太尔哈恩”或“斯太尔之锤”。该手枪是为奥匈帝国的军队生产的，而有些国家的军队直至二战结束都还在使用这款手枪。采用8发容弹量固定弹匣，可由上部采用桥夹装弹。该手枪是一款坚固耐用的随身佩枪，即使粗暴使用而无保养亦可。它还因在山地和复杂条件下的可靠性而著称，而这种山地和复

技术参数

制造国：奥匈帝国	枪管长：525毫米（20.75英寸）
年份：1909	枪口初速：618米/秒（2030英尺/秒）
口径：8毫米（0.314英寸）	供弹方式：弹链供弹
工作方式：水冷自由枪机式	射速：425发/分钟
全长：1070毫米（42英寸）	射程：1000米（3280英尺）
重量：44千克（97磅）	

斯柯达M1909机枪

1916年配属于奥匈帝国陆军第51步兵旅

斯柯达M1909型机枪比那些基于马克沁机枪的设计的其他型号机枪要差。其低射速和效率低下的设计致使该机枪于1913年停产。

杂条件的战场状况在一战的东线战场上是非常普遍的。奥匈帝国陆军中出现的佩枪不足的情况使得M1912和后来的M1917在一战期间的产量得到了显著提升。到1945年停止生产时为止，这两款手枪的产量共突破了30万支。

弗罗梅尔M1910手枪是一种使用7.65毫米（0.301英寸）弹药的枪管长后座半自动武器。该枪的枪机和枪管后坐运动的长度要比整个弹药的长度还要长。而这种弹药也是为该手枪所特制的，其外壳上有卷曲（夹压）结构。该手枪的弹匣容弹量为7发，有效射程达20米（66英尺）。设计师鲁道夫·弗罗梅尔（1868–1936）在后期的改进型手枪中采用了枪管短后座结构。而在一战爆发前的那些年里，枪管长后座结构是他这款手枪的鲜明印记。1912年时，枪管长后座式的弗罗梅尔M1912投产并服役，这给作为M1910改进型的M1912手枪平添了一份更为传统的特征。弗罗梅尔M1912是匈牙利军队一战时的制式配发佩枪。

斯太尔M1917手枪

1917年配属于奥匈帝国陆军第26步兵旅

该手枪采用桥夹从上部装填，它是M1912型手枪的改进型，自装备部队起，一直服役至二战结束。

技术参数

制造国：奥匈帝国	枪管长：128毫米（5.03英寸）
年份：1917	枪口初速：335米/秒（1100英尺/秒）
口径：9毫米（0.35英寸）	供弹方式：8发容弹量固定式弹匣
工作方式：枪管短后坐式	全长：216毫米（8.5英寸）
重量：0.99千克（2.18磅）	
射程：30米（98英尺）	

技术参数

制造国：奥匈帝国	枪管长：525毫米（20.75英寸）
年份：1909	枪口初速：618米/秒（2030英尺/秒）
口径：8毫米（0.314英寸）	供弹方式：弹链供弹
工作方式：水冷自由枪机式	射速：425发/分钟
全长：1070毫米（42英寸）	射程：1000米（3280英尺）以上
重量：44千克（20磅）	

施瓦茨劳斯M07/12机枪

1917年配属于奥匈帝国第88步兵旅

该机枪共有4种不同细分型号，但它们所采用的机械延迟半自由枪机式结构使得它们都只能安装较短的枪管。这使得该型武器的射程较近并进而与其他机枪相比而言服役期更短。

奥地利制造的机枪

奥匈帝国陆军在一战中装备了水冷式8毫米（0.314英寸）口径施瓦茨劳斯(Schwarzlose) M07/12中型机枪并将其出口至荷兰、希腊、瑞典等国的军队中。该枪采用机械延迟半自由枪机式动作原理，使用容弹量为250发的弹链供弹。该机枪通常安放在三脚架上使用，配备3名机枪组组员；其早期型号发射速度为400发/分钟，而在稍后加装了更为有效的弹簧之后，其射速提升至580发/分钟。直至二战结束，该型机枪仍未退役。冷战期间的捷克陆军仍装备着这款机枪。就像同时期的其他机枪一样，施瓦茨劳斯M07/12的设计也源自于马克沁机枪，但总体来说，前者的结构更简单。作为一种步兵便携武器，它似乎是很成功的。但是与其他同时代的中型机枪不同的是，拿它改装防空机枪或者重型步兵支援机枪的尝试的效果令人失望。

捷克于1918年从奥匈帝国独立出来，在此之前，位于皮尔森市的著名的斯柯达兵工厂就在为奥匈帝国皇室的武装力量生产武器。1909年至1913年期间，M1909型机枪就一直由斯柯达公司负责生产，采用的是延迟反冲动作原理。该机枪为水冷型，使用8毫米（0.314英寸）弹药。它由一条250发子弹的弹链供弹。其后期改进型的射速可超过250发/分钟。然而，无论怎样评价，M1909型机枪的表现都比受马克沁设计启发出的各类机枪要差。

▲ **防御阵线**

奥地利军队正在位于卡波雷托附近的某处设置临时防线，防线由机枪掩体和浅壕构成。

意大利陆军[①] 1915–1918

奥匈帝国长期与意大利为敌，这把意大利推到了协约国一边。意大利开始与奥匈帝国在两国边界的崎岖山地中进行漫长的消耗战。

当一战于1914年在欧洲爆发时，意大利本来还没有准备好到底是加入协约国还是同盟国。意大利自身还只是一个从一堆林立的城邦和迷你王国联合而来的统一刚刚超过50年的年轻国家。从军事的观点说来，意大利陆军自从1896年入侵埃塞俄比亚以来就霉运连连，随后他们又与土耳其为了争夺对利比亚的控制权爆发了代价高昂的战争。

意大利向同盟国宣战（起初，是于1915年单独向奥匈帝国宣战）之后，显然，这个国家的军事上的组织机构还未完善，军队也还未准备好应对战争。本来，其常备军只有不足100万人，但随着意军作战行动的展开，到1915年春时，意军人数显著增加。然而，非常令人悲哀的事实是：交由意军参谋总长、总司令路易吉·卡多纳伯爵（1850–1928）指挥的这35个师非常缺乏武器弹药、机枪、火炮；意大利的军火生产商也缺乏与需求同步协调扩张的能力。

在意大利北部一条长达644公里（400

▲ **莫谢托1891型卡宾枪[②]**

1915年配属于意大利陆军第8骑兵团

一战中，该枪的护木被加以缩短，可以方便意大利骑兵部队作战单位使用。该枪另一个引人注意的特点是其配备了可折叠式刺刀。该刺刀不可拆卸，固定在枪上，骑兵下马步战时可将刺刀展开。

技术参数

枪管长：610毫米（24英寸）
枪口初速：700米/秒（2275英尺/秒）
供弹方式：6发内置弹仓
全长：920毫米（36.2英寸）
射程：600米（1968英尺）
制造国：意大利
年份：1891
口径：6.5毫米（0.256英寸）
工作方式：旋转后拉枪机
重量：3千克（6.6磅）

技术参数

制造国：意大利
年份：1891
口径：6.5毫米（0.256英寸）
工作方式：旋转后拉枪机
重量：3.8千克（8.375磅）
枪管长：610毫米（24英寸）
枪口初速：730米/秒（2400英尺/秒）
供弹方式：6发内置弹仓
全长：1291毫米（50.79英寸）
射程：1000米（3280英尺）

▲ **曼利夏–卡尔加诺M1891型步枪**

1915年配属于意大利陆军第37步兵师

作为意大利士兵的主要武器，卡尔加诺步枪在1938年进行了改造。M1891型卡尔加诺步枪使用的是6.5毫米（0.256英寸）弹药。而“曼利夏-卡尔加诺”这个名称则在某种程度上带有误导性。它被误命名为“曼利夏”是由于其受到的（非常有限的）奥地利式设计的影响。

---

① 意大利虽然是一战同盟国国家，但却但却很快见风使舵和协约国一同攻打其他同盟国。
② Moschetto，又译为莫斯凯托，意大利语意为某种雀鹰的名称。

英里）的战线上，卡多纳将前线分为3个部分，即：伊松佐、阿尔卑斯山区、特伦托自治省。其中最为血腥的战斗发生在伊松佐。山区的一些地区能够为运动中的部队提供掩护，但从另一方面来说也容易遭到占据更有利地形的敌方火力杀伤。

在前线上对抗35个意大利师的是20个奥匈帝国师。卡多纳于1915年5月继续发动攻势。这一时间已经比其他地方开战的时间晚了将近10个月。在整个1915年夏季以及随后的1916年，意大利人面对着奥匈军队在伊松佐战线上的顽强防御一再发动进攻。这种攻势开始的头两周，意大利军队就损失了6万人。意大利军队的数量优势并未带来任何好处，他们的伤亡数字太过惊人，往往一场进攻中，意大利军队就有超过3万人阵亡、受伤或被俘。这种进攻并未获得寸土。在这里出现的战壕也使人想起西线上法国战场上的堑壕战。崎岖的地形给前线交战双方都成倍地增加了运输补给方面的困难。

卡波雷托的灾难

在松佐前线进行了11次伤亡惨重但毫无结果的伊战斗之后，德国最高统帅部终于对奥匈帝国的求援信号给予了回音。德国最高统帅部允许同盟国联军继续发动进攻。1916年10月24日，第12次伊松佐战役开始了。这次战役还有一个更广为人知的名称：卡波雷托战役。德奥联军先进行了长时间的炮击，随后用毒气弹进行了打击。进攻一方在战役初期取得了成功，德奥联军的暴风突击队快速渗透过了敌方防线。战役以意大利人的灾难而告结束，他们一直被德奥联军赶到距离历史名城威尼斯仅仅几公里远的地方才稳住阵脚。此战，意大利方面超过1万人阵亡，30万人被俘或受伤，其武器和装备损失也非常令人震惊。英法及后来的美国都许诺将会援助意大利军队以便稳定战线。新一轮的征兵和雇佣兵快速补充了被打残的意大利军队组织架构。厌战的奥匈帝国部队最终在整个1917年中都停止了进攻行动，这时的意大利军队则正在进行整编。

就在一战于1918年11月11日结束前两周，意大利人发动了进攻，他们占领了维托廖韦内托，士气低落的奥匈帝国敌军大量投降或是逃亡，奥匈帝国政府倒台。1915年至1918年期间，意大利总计投入了500多万部队，其中42万人阵亡，超过95万人受伤。

意大利轻武器

一战时，意大利步兵一般装备的是曼

利森蒂M1910手枪

1915年配属于意大利陆军第54步兵团

尽管该手枪在某种程度上威力不足，它还是列装了意大利陆军。其过低的枪口初速影响了它在近距离战斗中的表现；然而，直至二战时期，该手枪在意大利军队中仍很流行。

技术参数

制造国：意大利	枪管长：99毫米（3.9英寸）
年份：1910	枪口初速：306米/秒（1000英尺/秒）
口径：9毫米（0.35英寸）	供弹方式：7发容弹量弹匣
工作方式：枪管短后坐	全长：210毫米（8.25英寸）
重量：0.82千克（1.8磅）	射程：20米（66英尺）

利夏–卡尔加诺M1891旋转后拉枪机步枪。这种步枪兼具德国毛瑟和奥地利曼利夏步枪两者的特点。工程师萨尔瓦多·卡尔加诺（1827–1903）发明了这款步枪。该步枪使用的是6.5毫米（0.256英寸）口径无缘弹，采用5发桥夹向一只6发容弹量的弹匣中进行装填。这款步枪还有一个更为恰当的名称，即：M91式步枪，它与曼利夏式的设计之间唯一真正的联系在于其弹仓和供弹系统。

长管步枪和卡宾枪的生产则在都灵进行，这些改型最终被意大利陆军于1891年接受。卡宾枪主要装备骑兵部队和特种部队，譬如山地部队使用。有一款被称之为“骑兵用莫谢托1891卡宾枪”的护木缩短的卡宾枪则交由多家厂商生产，其中包括了FNA布雷

技术参数

制造国：意大利	枪管长：320毫米（12.6英寸）
年份：1915	枪口初速：320米/秒（1050英尺/秒）
口径：9毫米（0.35英寸）	供弹方式：弹匣供弹
工作方式：自由枪机式	射速：350发/分钟
全长：558.8毫米（21英寸）	射程：2000米（6560英尺）以上
重量：6.5千克（14.33磅）	

维拉尔–佩罗萨M1915冲锋枪

1916年配属于意大利陆军第8亚平宁团

这是世界上第一款冲锋枪，其射速较为可观。但其使用却受到了其所配备的两脚架或是长度超过士兵肩膀的木质底座的限制，只有配备了这两样东西之一，该枪才能发挥作用。

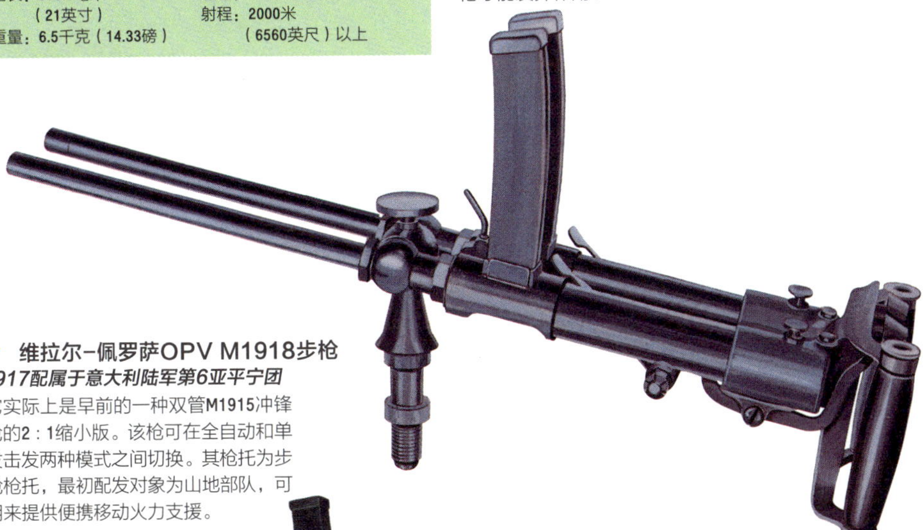

维拉尔–佩罗萨OPV M1918步枪

1917配属于意大利陆军第6亚平宁团

它实际上是早前的一种双管M1915冲锋枪的2：1缩小版。该枪可在全自动和单发击发两种模式之间切换。其枪托为步枪枪托，最初配发对象为山地部队，可用来提供便携移动火力支援。

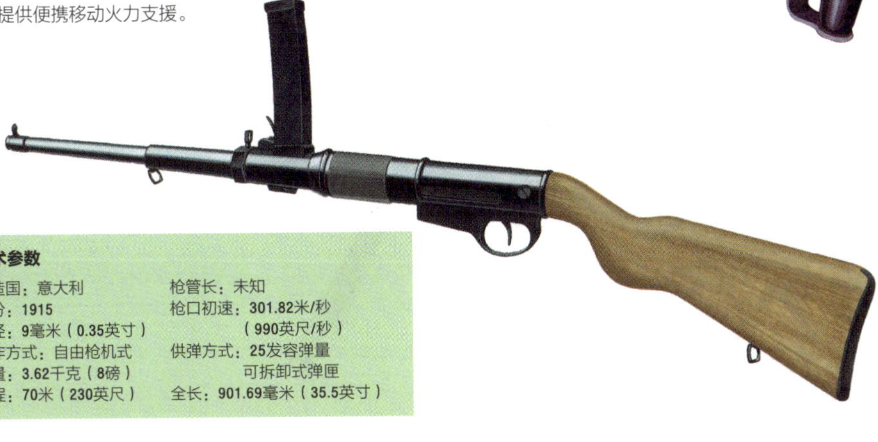

技术参数

制造国：意大利	枪管长：未知
年份：1915	枪口初速：301.82米/秒（990英尺/秒）
口径：9毫米（0.35英寸）	供弹方式：25发容弹量可拆卸式弹匣
工作方式：自由枪机式	
重量：3.62千克（8磅）	
射程：70米（230英尺）	全长：901.69毫米（35.5英寸）

齐亚公司。该公司生产的这款步枪的刺刀是固定在枪口上的刺刀座上不能卸下的，储存不用时，刺刀向后折叠，收入护木上的卡槽中。

M91的枪机为旋转后拉枪机，其射速可以满足使用需求；而其射速实际上还由于弹仓的原因而得到了进一步的提高。其弹仓是两头皆通的样式，因此可以不用管头尾顺序就能将弹药插进去。M91步枪原始版直到1938年还是意大利部队的制式枪械，1938年时，其口径被改为7.35毫米，以便能够发射这一较大口径的重弹。该步枪一直生产至1945年，其中有数千支作为战争剩余物资被卖掉。这些售出的枪中，有一支变得非常有名：杀手李·哈维·奥斯瓦尔德（1939–1963）正是使用这支枪刺杀了时任美国总统约翰·肯尼迪（1917–1963）的。

▲ **隐秘就位**

意大利士兵正在一处沙袋堆成的机枪掩体后方进行操作。他们通过几个机枪眼进行射击，为掩藏其位置，他们花费了很多心思。

9毫米（0.35英寸）口径利森蒂M1910枪管短后座式手枪在一战期间流行于意军之中。半自动后膛闭锁式的这款手枪采用一只7发容弹量的可拆卸式弹匣供弹，其有效射程为20米。该枪由利森蒂兵工厂生产，于1910年被意大利陆军选用并在二战中在意大利陆军中服役。尽管设计时该枪预备使用的

▶ **菲亚特–雷韦利M14机枪**

1917年配属于第3轻步兵团

该机枪容易卡壳，发射困难，在意大利军队中并未被广泛使用，其供弹系统十分拙劣，战斗表现糟糕。

技术参数

制造国：意大利
全长：1180毫米（46.5英寸）
年份：1914
枪管长：655毫米（25.75英寸）
口径：6.5毫米（0.256英寸，使用M95弹药）
枪口初速：640米/秒（2100英尺/秒）
工作方式：水冷，自由枪机式
供弹方式：鼠笼式弹匣
射速：400发/分钟
重量：17千克（37.75磅）
射程：1500米（4921英尺）

是专用弹药，它还是可以勉强适用卢格手枪弹，但这样做的后果是比较危险，后坐力也较大。

自动武器

有两种意大利制造的自动武器，即维拉尔–佩罗萨M1915和OVP M1918，可以被描述成是世界上第一款被用于实战的冲锋枪及其改型。M1915的设计初衷是为了给山地部队提供可移动的火力支援。其双管设计可显著提高射速，但其精度却很不好。尽管这是一款可移动的便携枪械，它却往往需要架在一具两脚架或是一个云台上发射。这些器具都要由士兵们扛在肩上，那种扛着器具的造型就像是脖子上挂了木盒兜售香烟的女郎。单管式的OVP M1918配备的是一款步枪式的枪托，基本上是M1915步枪的2∶1缩小版。

意大利队机枪的研发工作在一战前就比那些同时代的敌对国家要落后。一战期间他们使用的主要是菲亚特–雷韦利M14机枪和佩里诺M1913机枪。意大利人有“过度加工装弹机构”的毛病，而菲亚特机枪正是体现这种毛病的一款枪械。装填系统过于复杂使得子弹要经过润滑之后才可发射，而毫不出人意料的是，这果然导致了战时情况下的大量卡壳和臭弹现象的发生。

该机枪采用一种外形类似捕鼠笼的弹盒供弹，弹盒分为10格，每格容纳5发子弹。半自由枪机的M14机枪在使用这种古怪的供弹装置时故障频发，后来的M35型机枪通过使用弹链供弹系统解决了一部分问题。M14机枪发射的是6.5毫米（0.256英寸）弹药，采用水冷设计，其射速可达400发/分钟。

佩里诺M1913机枪采用的是后坐–气动联合动作系统，既可水冷，又可气冷。这是早年间由朱塞佩·佩里诺于1901年设计的一款原始型机枪的改进成果，其诞生至少已经经过了两次改进。佩里诺被公认为第一款意大利机枪M1913的发明者，M1913机枪发射的是6.5毫米（0.256英寸）弹药，其射速为500发/分钟。

技术参数

制造国：意大利	全长：1180毫米（46.5英寸）
年份：1914	枪管长：655毫米（25.75英寸）
口径：6.5毫米（0.256英寸，使用M95弹药）	枪口初速：640米/秒（2100英尺/秒）
工作方式：气动-后坐联合式	供弹方式：弹链供弹
重量：13.65千克（30磅）	射程：1500米（4921英尺）
	射速：500发/分钟

佩里诺M1913机枪

1917年配属于意大利陆军第151步兵团

该枪是意大利第一种实用化的原型机枪的轻量版衍生物，这种原始型号是在1901年被发明出来的。M1913机枪采用气动和后坐联合工作方式。

第三章

两次世界大战之间的间歇期

在怒潮汹涌的20世纪里，
两次世界大战中间的这一间歇期却依然毫不平静。
新萌发的民族主义、理想主义觉醒以及帝国主义野心在全球范围内渐渐加剧了紧张的局势。
同时，
步枪、机枪和轻武器的普及导致了大范围和局部地区冲突的加剧。通常，孤立的战斗发生在敌对派系之间，
而大规模的冲突则成了新型轻兵器的试验场。
这些得到试验的新武器囊括了整整一代各种机枪和自动武器。它们把单兵火力提升至前所未见的强度，
也相应地造成了更多的伤亡。
与此同时，经历了战争考验的各色轻武器，
诸如：毛瑟、春田和李恩菲尔德以及其他各种武器都得到了改进、升级和完善，新武器也浮出水面，
装备了各个军团的士兵。这些士兵注定要被卷入到有史以来最为伟大的军事冲突中去。

◀ 逐屋搜查

“西班牙内战”中，忠于弗朗哥将军的部队在某地逐屋搜查。他们装备的是贝蒂埃1915型旋转后拉枪机步枪。

导言

民族战争、内战、集权主义政权的兴起和建立帝国的渴望使得两次世界大战之间的岁月成了一段暗流汹涌的激荡年代。

由于轻武器的大规模服役，维系了各大国之间那脆弱的和平。这也使得游击战和革命得以兴起。《凡尔赛和约》共计440条，其中超过400条与德国发动一战的罪行、解除武装、支付战争赔款的内容有关。《凡尔赛和约》削弱了德国，也使得“大萧条”对德国造成的影响雪上加霜。大萧条从1929年秋天起把世界拖进了经济紊乱的漩涡。

“和约”限制了魏玛共和国防卫军的力量，其总火力不得超过84000支步枪、18000支卡宾枪、792挺重机枪、1134挺轻机枪的上限。德国陆军常备军不得超过10万人，所有以上提到的这些枪械将被均匀分配给这10万人。这些人将被编成7个步兵师和3个骑兵师。因此，一个标准编制的魏玛共和国防卫军步兵师将包括12000支步枪，而一个标准的骑兵师将配备6000支卡宾枪。每个步兵师理论上只能分到108挺重机枪和162挺轻机枪。和约也严格限制了德军有军衔和未授衔军官的数量。这是为了剥夺德军建立有凝聚力和有经验的领导架构的能力。

然而，实际上德国从未被彻底解除武装过。一支隐蔽的影子军队依然活跃。这支影子军队的核心训练内容是在高效率的进攻行动中使用轻武器。甚至早在纳粹党1933年上台之前，德国人就在想尽办法机智地绕过那些严苛的和约款项。德军秘密增加员额，突破了《凡尔赛和约》特别限定的10万人上限并与苏联达成秘密协定，安排德军士兵去苏联接受训练、熟悉步兵轻武器和战术，汉斯·冯·塞克特将军（1866–1936）是这些行动的主要推动者。和诸如克虏伯和莱茵金属这些主要的德国军火制造商与外国或者与

▲ **捷克斯洛伐克军队在演习**

20世纪30年代中期，装备了捷克版毛瑟Kar98k（捷克vz.24步枪）和马克沁08/15式机枪的士兵们正在演习。很多著名的捷克兵工厂都在1938年纳粹国防军强占苏台德区之后落入德国手中。

人民防卫

1936年7月的托莱多城里，西班牙政府军从仓促搭建的街垒后面向叛军开火。

其自家设在国外的下属子公司签订武器合同以便制造新武器。随着西班牙内战的爆发，纳粹德国利用其有利时机支持弗朗西斯科·弗朗哥元帅（1892–1975）的国民军。德国还伙同意大利法西斯政权一道向西班牙派遣军队、提供飞机和飞行员、供应其他战争物资来打击西班牙共和国的军队。本尼托·墨索里尼（1883–1945）统治下的意大利也入侵了毫无防御力量的埃塞俄比亚并占领了亚得里亚海对面巴尔干火药桶上的小国阿尔巴尼亚。

到1935年春，德国总理阿道夫·希特勒（1889–1945）已经开始驳斥《凡尔赛和约》并向全世界宣称德国正在重新武装起来，而这种武装行动是为了和平和防御性的目的才发起的。1935年3月16日，希特勒公然宣称德国不再遵守《凡尔赛和约》，并声称其他国家已经失去了全面解除德国武装并推进和平的机会。他说，德国已经销毁了超过600万支步枪、13万挺机枪及其24.4万根枪管、34万公吨（33.5万长吨）弹药、超过1650万发手榴弹和枪榴弹、180辆机枪车辆、17.4万个防毒面具和其他各种轻、重战争武器。在逐步向世界人民显露出德国重新武装的真面目的同时，希特勒进一步扭曲了英国首相斯坦利·鲍德温（1867–1947）的话。斯坦利表示“一个不愿意为自己的国防事业做出必要预警措施的国家在这个世界上是没有任何力量可言的，不论精神上还是物质上都没有力量可言”。

对于大英帝国和法国而言，一战后的厌战疲惫情绪和萧条促使人们认识到这是一场灾难性的全球战争，几乎拖垮了两国的国库。英法两国的各种政治力量都试图抑制住重整军备的步伐，他们拿1914年至1918年间造成的惨重伤亡作为自己观点的理论依据。在这种政治进程中，英法两国的外交受到绥靖主义的深刻影响。而在美国，孤立主义思潮重新抬头，常备军人数萎缩至10万。这种萎缩并非是由某个条约强制要求的，它是美国人自己周密计划并逐步裁军的后果。然而在亚洲，日本的帝国主义战争机器已经准备好采取新的入侵行动来扩张其在本地区的领土和特权了。

法国军队：在北非 1920-1939

欧洲人力图加强他们在北非的影响力，尤其是在摩洛哥的影响力。首先参与这一行动的是西班牙人，随后法国人也加入到了这一活动中来。他们试图巩固自己在摩洛哥的统治并将这种统治扩展到山区据点以东的部落地带里去。

1912年，《非斯条约》得以签订，但同其他同时代的类似条约一样，它也成了未来冲突的根源。条约规定，摩洛哥的一部分变成了法属保护国，西班牙政府则在摩洛哥西部山区取得了部分领土（即后来的西撒哈拉）。作为这种领土划分的后果，它又决定了西班牙人可以将其统治延伸到里夫部落和贾巴拉部落所居住的摩洛哥东部部分地区。虽然占领西摩洛哥的西班牙军队装备和武器都更精良，由阿卜杜·克里姆（1882-1963）所率领的本地柏柏尔人仍在顽强抵抗。叛乱与平叛治安战、公开的战争行动持续长达5年之久。最终，西班牙人找来了法国人一道行动，成功确立了在这一地区的控制权。然而，阿卜杜·克里姆被证明是一位足智多谋的战术家，也能够在参与反抗欧洲人统治的各色部落分子中建立起共识。他是半个世纪之后那股强大的“泛北非民族主义”大潮的始作俑者。第二次摩洛哥战争的另外一个意料之外的结果是它导致了弗朗西斯科·佛朗哥（1892-1975）的崛起。他原是西班牙军队中的一名军官，在摩洛哥作战期间脱颖而出。他赢得了军队中一些人的追随。这些人对于西班牙本国政府的不稳定形势表示心灰意冷。到1926年第二次摩洛哥战争结束时，佛朗哥已经成了欧洲所有国家军队中最年轻的将军，并且在镇压劳工暴动方面颇有建树。左翼联合政府赢得西班牙大选

▲ **M1886型步枪**

1920年配属于法国陆军外籍军团第2团，当时该团正在摩洛哥作战

旋转后拉枪机的勒贝尔M1886步枪是法国陆军从19世纪晚期直至20世纪30年代这段时期内的制式武器。其总产量接近300万支。它与那些原计划用来替代它的步枪混杂在一起，一道在法军中服役。

技术参数

制造国：法国
年份：1886
口径：8毫米（0.314英寸，使用勒贝尔步枪弹）
工作方式：旋转后拉枪机
重量：4.245千克（9.375磅）
枪管长：798毫米（31.4英寸）
枪口初速：725米/秒（2379英尺/秒）
供弹方式：8发容弹量管状弹仓
全长：1303毫米（51.3英寸）
射程：400米（1312英尺）

▲ **M1917式RSC半自动步枪**

1925年配属于正在摩洛哥作战的法国陆军外籍军团第4团

M1917步枪设计生产的初衷是用以补足M1886步枪的缺额。它于一战后期投产并最终在第二次摩洛哥战争中投入实战。其半自动式的操作原理同时还辅以气动式退壳机构。

技术参数

制造国：法国
年份：1917
口径：8毫米（0.314英寸，使用勒贝尔步枪弹）
工作方式：气动式，滚转式枪机
重量：5.25千克（11.6磅）
枪管长：798毫米（31.4英寸）
枪口初速：853米/秒（2800英尺/秒）
供弹方式：5发固定弹匣
全长：1331毫米（52.4英寸）
射程：300米（984英尺）

并组阁迫使佛朗哥及其长枪党提前发动军事政变。这次政变失败了，但却引发了血腥的西班牙内战。

法军火力

“第二次摩洛哥战争”中，有两种法国制造的步枪处于主导地位。它们是勒贝尔M1886步枪及其后继型号：M1917式RSC半自动步枪。法国常备军和参加第二次摩洛哥战争的外籍军团人士都大量装备了这两种步枪。勒贝尔M1886步枪是一种8毫米（0.314英寸）口径的栓动步枪，该步枪于1887年春大量列装法军。该步枪采用8发容弹量的管状弹仓供弹。勒贝尔步枪也是法国陆军一战时使用的主要步枪。在勒贝尔步枪自1887年起至1920年止的这段生产期内，其总产量突破了280万支。这些步枪主要由位于沙泰勒罗、埃蒂安、蒂勒等处的国营兵工厂制造。一战期间，这种步枪被大量配发给法国殖民地部队；因此，有数千支该型步枪流入叛乱分子、暴徒和民兵组织之手。正是这些民兵组织在后来的第二次摩洛哥战争中与法国和西班牙军队作战。第二次摩洛哥战争初期欧洲军队的失利也导致有大量步枪被缴获。

M1917式RSC半自动步枪的研制和出现是法国人试图替换掉M1886步枪而努力的一种结果。M1917式RSC半自动步枪最终于1916年春实用化并装备法国陆军部分部队。这款步枪也被称之为“M1917RSC”。这一名称来源于其联合设计团队3名成员名字的首字母：里贝罗勒（Ribeyrolles）、萨特（Sutter）和肖沙（Chauchat）。到1918年11月一战结束时，法国政府下属的国营埃蒂安兵工厂共生产了约8.6万支M1917RSC步枪。该步枪使用的是8毫米（0.314英寸）口径弹药，采用导气式自动方式完成从装填到退壳的一系列动作。这些设计也为这种半自动式的枪械带来了一些优点。其内置式弹匣采用5发容弹量的漏夹进行装填。尽管这种枪直至很晚的时候才出现在战场上，法国军队还是很快对这种步枪形成了负面的意见。这些意见中尤为突出的一条是其1331毫米（52.4英寸）的长度，这对于堑壕战来说太不便于施展了。该枪于1918年得到了实质性的改进，其漏夹也从专用型漏夹改为了通用型贝蒂埃漏夹。这款1918年改进的步枪总产量约为4000支，其中有许多在第二次摩洛哥战争中有着令人满意的表现。

▲ **M24/29机枪**

1924年配属于在摩洛哥作战的法国陆军第21殖民地步兵团

这款机枪是对一战时期的M1915机枪改进而来的产物，M24/29机枪在法军中一直服役至20世纪50年代，也是法军在二战中所主要使用的轻机枪。

技术参数

制造国：法国
年份：1924
口径：7.5毫米（0.295英寸，使用M29步枪弹）
工作方式：导气式
重量：9.25千克（20.25磅）
枪管长：500毫米（19.75英寸）
枪口初速：825米/秒（2707英尺/秒）
供弹方式：25发容弹量弹匣
全长：1080毫米（42.5英寸）
射速：450发/分钟
射程：1000米（3280英尺）以上

西班牙内战 1936-1939

血腥的西班牙内战持续达3年之久，它是世界大战的先兆。纳粹德国和法西斯意大利直接向弗朗西斯科·佛朗哥的部队提供军事援助。

在西班牙内战于1936年7月17日爆发前的一个世纪里，西班牙就已经经历了躁动和骚乱的年月。互相敌对的自由党和保守党为政治优势地位斗争，苦苦挣扎的王室多次面临各种试图渐进式动摇其统治或是直接将之废除的努力。西班牙共和国政府试图平息军队中右翼分子的不满，把佛朗哥将军（1892–1975）贬到了加那利群岛。但是，稍后他就逃脱了这种实质上的软禁并在北非召集部队，回头在西班牙塞维利登陆。西班牙内战直至由佛朗哥领导的保守派政府及其长枪党于1939年4月巩固其权力后才告一段落。内战期间，暴行在共和国和佛朗哥方面都很常见，平民死亡人数高达数十万之多。纳粹德国和法西斯意大利都向西班牙派出了战斗人员、武器和装备，以便支持佛朗哥；而苏联却只对西班牙共和国政府提供了有限的支持。最终，佛朗哥控制了整个国家，西班牙王室则在权力受限之后被保留了下来。

在西班牙内战期间，海量的轻武器从全世界范围内涌入西班牙，装备着佛朗哥长枪党和西班牙共和国这两派。除了在一战期间太过常见的法制勒贝尔、德国毛瑟、英国李恩菲尔德和奥地利曼利夏步枪之外，还能见到美国的春田M1903步枪和其他各种步兵武器，譬如其中甚至还有古董货挪威造克拉格–约根森步枪。

西班牙内战中的机枪

内战中曾使用过各种型号的机枪。其中最为常见且占主导地位的是德制MG34机枪。这款机枪在希特勒于1935年春宣布废除《凡尔赛和约》之后，大量进入德国陆军现役部队服役。MG34机枪在德国派去援助佛朗哥的部队手上得到了战场检验。其作为自动式高射速武器的特性、在掩蔽处为步兵提供有效火力支援同时又可灵活移动的特点通过战争恐怖的一面被展露在世界面前。法制机枪也被内战双方所使用，其中包括了一战期间的老枪燧发轻机枪的改型和各型哈奇开斯机枪。一战结束后，法国陆军评估了M1915轻机枪的缺陷并决心为其士兵提供一种全能而且可靠的武器。在与新近

▶ 鲁比手枪军官型

1937年配属于在瓜达拉哈拉作战的西班牙国民军第2黑衫队“黑色火焰”师

该手枪与勃朗宁手枪的亲缘关系较近。该枪于1911年服役后，也被法国陆军选中。

技术参数

制造国：西班牙	枪管长：81毫米（3.2英寸）
年份：1911	全长：146毫米（5.75英寸）
口径：7.65毫米（0.301英寸）	枪口初速：229米/秒（750英尺/秒）
工作方式：自由枪机式	供弹方式：7发容弹量可拆卸式弹匣
重量：0.57千克（1.25磅）	射程：30米（98英尺）

研制成功的美制勃朗宁自动步枪进行了激烈的较量之后，法国武器制造商圣埃蒂安兵工厂（MAS）以具有竞争力的价格赢得了生产M24/29机枪的合同。这种改进后的轻机枪将在随后的四分之一个世纪中作为法国轻步兵主要的支援武器而存在。而且直到20世纪的最后10年里还不时出现在各种武装团伙和准军事组织手中。直到2006年为止，它依然是法国宪兵的礼仪枪。M24/29因其直线式的枪托、两脚架枪座和手枪式握柄而广为人知。这些特点深受步兵喜爱，因为这些特点便于他们进行瞄准和控制其抖动。该枪采用25发容弹量的顶置式弹匣供弹，在打出最后一发子弹后，其枪机保持开放状态以便进行再装填。雷贝尔中校对这种枪械的设计有所贡献，他认为该枪需要有相对较高的射速，而且他也实现了自己的构想，让该枪的射速达到了450发/分钟。该机枪首次服役时起型号为M1924型，发射的是7.5毫米（0.295英寸）弹药，这有悖于法制8毫米弹药的长久传统。而在第二次摩洛哥战争期间，在试图使用缴获的8毫米弹药时也确实遇到了问题。因此导致了一种新口径改版的问世，这就是M24/29。这种机枪在1940年春德军开始入侵法国的时候装备了法军部队。它也是20世纪50年代阿尔及利亚独立战争中使用过的主要武器。1931年时，对这款机枪做了进一步的改进，枪管变得更重，采用弹鼓供弹；这使其射速提升至600发/分钟。

另外还有一款法制机枪，即哈奇开斯M1922/26。它饱受20世纪20年代军事研究和军工投入不足之苦。尽管其设计方案看上去很有前景，配备了抑制枪口上扬的防跳器，射速也可调，但这种武器还是走到了几乎山穷水尽的地步。其产量非常有限，只有寥寥几支口径为6.5毫米（0.256英寸）、射速为500发/分钟的型号投入到了第二次摩洛哥战争中去。它随后也有参与西班牙内战。其产量中的大部分都出口至希腊军队中去了。

西班牙出口的轻武器

自由枪机式的鲁比手枪发射的是7.65毫米（0.301英寸）弹药，采用7发容弹量的可拆卸式弹匣供弹。生产这种手枪的西班牙工厂后来改名叫作阿斯特拉公司并以此名号而广为人知。该手枪于1911年开始服役。这款手枪于1914年首次随着协约国军队一起参战随后并正式被法国陆军所采用。该手枪仿制的是比利时

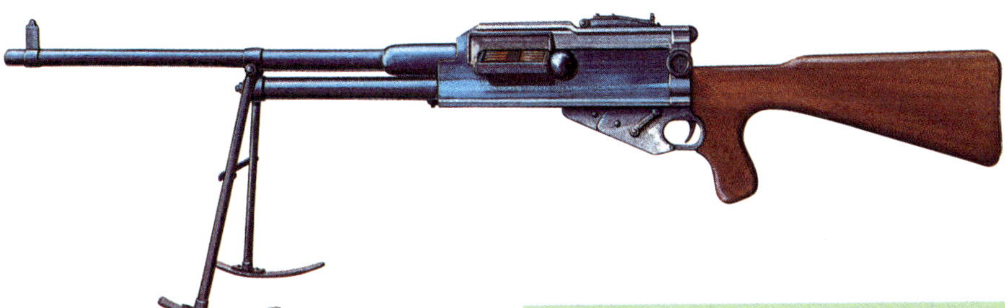

▲ **哈奇开斯M1922/26机枪**

1938年配属于在加泰罗尼亚作战的西班牙国民军“黑箭”师

该机枪的两个杰出特点是其射速可调且配有抑制枪口上扬的防跳器；但是这种武器却由于法国军事预算的限制而产量有限。其大部分出口至希腊，又有少量参与了西班牙内战。

技术参数

制造国：法国	全长：1215毫米（47.75英寸）
年份：1922	枪管长：575毫米（22.75英寸）
口径：6.5毫米（0.256英寸）	枪口初速：745米/秒（2444英尺/秒）
工作方式：导气式	供弹方式：25或30发弹链供弹
射速：500发/分钟	射程：1000米（3280英尺）以上
重量：9.5千克（21磅）	

▲ **共和国纵队**

西班牙共和国政府军纵队，1936年9月，图中的士兵们正在前往瓜达拉马山脉前线。

勃朗宁M1903手枪。鲁比手枪也被认为是最接近于原装M1903手枪的一款仿品，法国陆军一战期间曾广泛使用鲁比手枪为佩枪。

自动武器

MP-18冲锋枪投入战场的时间过晚，虽然也曾取得一些战果，但结局却是《凡尔赛和约》禁止德国武装力量列装任何冲锋枪，因此战前生产的MP18只能交由德国（魏玛共和国）警察使用。战后，德国人意识到了这种冲锋枪对于加强火力所起到的显著作用。因此，德国人在两次世界大战之间的年月里继续研发新式冲锋枪，同时改进原有型号的冲锋枪，其威力则在西班牙内战的战场上得到了测试。其中，在一战末投入使用的MP-18冲锋枪被众多广泛仿制，最著名的仿制产品来自丹麦，使用木制枪托并配有手枪式前握柄。同时，德国自己改进的MP28冲锋枪在发射机构中增加了快慢机，拥有MP18冲锋枪所没有的单发和连发的切换功能，并改进了瞄准具。此外，需要注意的是，MP-18冲锋枪在中国也曾被广泛使用，被称之为“花机关”枪，由于火力在同时代的强劲，因此大多被用于装备精锐部队（通常是军阀的近卫部队）。

德国政府还采取了另一种办法来绕过《凡尔赛和约》，德国政府为莱茵金属公司收购瑞士索洛图恩公司的行动提供便利。在被并购后的索洛图恩公司里，开始试制一款新冲锋枪，它后来被称作“MP34”冲锋枪。随后，莱茵金属公司又购得了奥地利斯太尔公司的控股权。其结果就是一款因为其优异的操作性能而声名卓著的冲锋枪的出现。奥地利版本的MP34冲锋枪被命名为斯太尔-索洛图恩S1-100。这种自由枪机式的武器发射的是9毫米（0.35英寸）弹药，采用一只容弹量为20-32发的可拆卸式弹匣供弹。这种冲锋枪的射击模式可选可调，其中一种发射模式为单发击发；另一种模式为全自动击发。尽管MP34/斯太尔-索洛图恩S1-100这款武器制作精良，其产量却在某种程度上由于高昂的材料费而较为有限。

▲ 丹麦仿造的MP-18冲锋枪

配属于国民自卫军

该枪在西班牙内战期间被广泛运用，其生产始于1930年，前置握把是丹麦仿造的最直接识别特征。

技术参数

制造国：丹麦
年份：1930
射速：500发/分钟
口径：9毫米（0.35英寸）
工作方式：自由枪机式
重量：4.15千克（9.13磅）
全长：902毫米（35.5英寸）
枪管长：254毫米（10英寸）
枪口初速：395米/秒（1300英尺/秒）
供弹方式：32发容弹量弹匣供弹
射程：70米（230英尺）

▲ 斯太尔-索洛图恩S1-100冲锋枪

1937年配属于非洲集团军西班牙外籍兵团

它是制作工艺超一流的MP34冲锋枪的奥地利版本，也是绕过《凡尔赛和约》的一次成功努力的结果。

技术参数

制造国：奥地利
年份：1930
射速：500发/分钟
口径：9毫米（0.35英寸）
工作方式：自由枪机式
重量：4.48千克（9.88磅）
全长：850毫米（33.46英寸）
枪管长：200毫米（7.87英寸）
枪口初速：418米/秒（1370英尺/秒）
供弹方式：20或32发容弹量弹匣供弹
射程：100米（328英尺）

▲ “星式S135”冲锋枪

1937年配属于在加泰罗尼亚地区作战的西班牙共和国陆军第3混成旅

该型冲锋枪的结构较为复杂，最终被更为简单和廉价的其他型号的冲锋枪所取代。该枪产于西班牙，其确实给操作者提供了可选射速的选项，也加装了一种可以让枪机保持开放状态的机构。这种机构可使得重新装填空弹匣的工作变得更为简便。

技术参数

制造国：西班牙
年份：1935
射速：300或700发/分钟
口径：9毫米（0.35英寸，使用长弹药）
工作方式：半自由枪机式
重量：3.74千克（8.25磅）
全长：900毫米（35.45英寸）
枪管长：269毫米（10.6英寸）
枪口初速：410米/秒（1345英尺/秒）
供弹方式：10、30或40发容弹量可拆卸式弹匣
射程：500米（164英尺）

抗日战争 1937-1945

日本在亚洲大陆的扩张始于它与中国之间的一系列武力冲突；然而，中国国土的广袤以及盟国对中国的援助使得日本未能取得完全的胜利。

中日两国自19世纪末20世纪初就开始断断续续地爆发战争。中日之间的现代战争则于1931年爆发。日方利用在满洲发生的莫须有事件①作为他们入侵中国北方的借口。日本人确立了对满洲的控制，扶植起一个傀儡政权并将满洲地区的省份改名为满洲国。

中日之间的战斗继续零星的进行，时间长达数年之久。直到1937年7月7日，日军在北京附近的卢沟桥制造了另一场武装“事件”。中国与日本帝国之间的战争就此正式爆发。抗日战争始于1937年7月7日，终于1945年8月日本向盟军投降。这场战争的根源是局势不稳的日本对亚洲大陆上土地和原材料的渴求和希望主宰他们西面那个庞大邻国事务的野心。日本偷袭珍珠港之后，美国正式参加二战，中日之间的战争实质上扩大成了更大范围内的全球冲突并形成了中缅印战区最主要的战争所在。

日本在1904年至1905年间的“日俄战争”中获胜，由此，日本确立了自己在东亚的优势地位。1910年，日本获得了朝鲜半岛的委任统治权。他们在随后的35年里实际上统治着朝鲜。日本深受西方军事技术的影响，他们建立起一支在规模和力量上足可媲美很多欧洲国家的军队。日军在一战期间对协约国的支持和日本加入协约国进一步导致了日本在两次世界大战之间的间歇期里在亚洲拥有了更为强大的领土上的影响力。

日本正变得越来越帝国主义，日军装备了一系列轻武器，其中包括了友坂系列步枪及由高产的设计师南部麒次郎（1869-1949）所设计的各种手枪和机枪。欧洲对这些武器中最为关键的几款在设计和制造上的影响更加明显。

38式步枪

日军在20世纪早期所使用的主要步兵轻武器是友坂三八年式步枪，简称38式步枪。其名称来自于“明治三十八年”，这款步枪正是那一年被日军选中的。该步枪于1905年正式服役，原本是计划用来替换三〇式步枪的。三〇式步枪在日军中仅服役了7年。38式步枪使用的是6.5毫米（0.256英寸）弹药，而以很多西方国家的标准来看，这种弹药威

▲ **中国产Gew.88步枪（汉阳造88式）**

1937年“淞沪会战”时配属于中国国民革命军第127步兵旅

中国产的Gew.88步枪一般俗称为汉阳造88式步枪，其在抗战期间被中国步兵大量装备。该枪模仿了德国毛瑟的设计，在汉阳兵工厂制造。

技术参数

枪管长：600毫米（23.6英寸）	制造国：中国
枪口初速：810米/秒（2657英尺/秒）	年份：1895
供弹方式：5发固定弹匣	口径：7.92毫米（0.312英寸）
全长：1110毫米（43.7英寸）	工作方式：旋转后拉枪机
重量：4.08千克（9磅）	射程：500米（1640英尺）

① 即“柳条湖事件”。

力不足。而且38式步枪的长度高达1280毫米（50.39英寸），对于那个时代日军士兵的平均身高来说，很不便于持握：那时候的日军士兵平均身高只有1.6米（5英尺3英寸）。

到1939年时，日本已在计划用99式步枪取代38式步枪；但二战的爆发拖延了这一动议实施的步伐。38式旋转后拉枪机步枪的总产量约为340万支，是日军部队“太平洋战争”期间所使用的主要武器。38式步枪采用5发容弹量的弹匣供弹，据说一位训练有素的步枪手用38式步枪可以在一分钟内打出30枪。

仿制毛瑟

中国的Gew.88步枪如同其日本对手38式步枪一样，都受到了德国毛瑟设计师的影响。中国的军队在抗日战争期间严重依赖于Gew.88。这些在国军中服役的步枪因为产自汉阳兵工厂而经常被称为“汉阳造88式”。Gew.88明显是仿造德国“1888式委员会步枪”的产物。中国的这种汉阳造步枪同样使用的是7.92毫米（0.312英寸）毛瑟步枪弹，其固定式弹匣使用5发一个的桥夹从顶部进行装填。

相对来说“汉阳造”生产成本不高，而且也比较适合于中国较弱的工业能力。在中日双方中，中国的工业处于弱势而其对手日本则处于强势。汉阳造步枪的一项独特优势在于，它发射的子弹比6.5毫米（0.256英寸）口径的日制友坂弹要重。而这一优势在早期的近距离战斗中把天平稍稍往中国一方扳回了那么一点点。尽管汉阳造从1895年就

▲ **友坂三八年式步枪**

1937年时配属于参加南京战役的日本帝国陆军第10军下辖第6师团

38式步枪于1905年正式列装服役，而试图用更先进的99式步枪替代它的计划仅有部分得以完成。38式步枪一直服役至二战结束。

技术参数

制造国：日本	枪管长：800毫米（31.5英寸）
年份：1905	枪口初速：765米/秒（2509英尺/秒）
口径：6.5毫米（0.256英寸）	
工作方式：旋转后拉枪机	供弹方式：5发内置弹仓
重量：3.95千克（8.7磅）	全长：1280毫米（50.7英寸）
射程：500米（1640英尺）	

◀ **南部14式B型手枪**[①]

1939年配属于日本帝国陆军华中派遣军第14独立旅

该手枪能够发射低威力的7毫米（0.275英寸）口径弹药，它也是作为日本军官佩枪的南部系列手枪中最广为人知的一款。

技术参数

制造国：日本	枪管长：117毫米（4.61英寸）
年份：1906	
口径：7毫米（0.275英寸）	枪口初速：289.6米/秒（950英尺/秒）
工作方式：枪管短后座	供弹方式：8发容弹量弹匣供弹
重量：0.9千克（1.98磅）	
射程：50米（164英尺）	全长：230毫米（9.06英寸）

① 因其较为袖珍，其英文诨号也称为“婴儿南部”。

已经开始服役而且比最新式日本步枪要老很多，但是其在抗日战争中的表现却很好。“汉阳造”的射速相对较低，但其生产却一直持续至1947年。在长达半个多世纪的生产过程中，其产量超过了110万支。

抗日战争期间，日军使用的主要重机枪是“3式重机枪”，又名“大正14式重机枪”。该机枪仿造自法国的哈奇开斯M1914式机枪，由法国发给生产许可证后在日本本土制造。它使用的是标准型的6.5毫米（0.256英寸）友坂弹药而非重型的8毫米（0.314英寸）哈奇开斯弹药。气冷式的“3式重机枪”于1914年由日本设计师南部麒次郎加以改进。改进后的新机枪使用30发容弹量的弹板供弹。该机枪射速为450发/分钟。

南部麒次郎的复仇之神

作为日本陆军的一名职业军官，南部麒次郎升任了陆军中将并于1927年在东京成立了“南部制造所”。他本人负责设计多款在中日战争和随后的二战期间大放异彩的日本轻武器。南部14式B型手枪是他诸多出名的

技术参数

制造国：日本	枪管长：750毫米（29.5英寸）
口径：6.5毫米（0.256英寸，使用友坂弹药）	年份：1914
工作方式：导气式	枪口初速：760米/秒（2500英尺/秒）
全长：1155毫米（45英寸）	供弹方式：弹链供弹
重量：28千克（62磅）	射速：400发/分钟
	射程：1500米（4921英尺）

▲ **大正14式重机枪**

1937年时配属于参加南京战役的日军第10军第6步兵师团

大正14式机枪是在取得了法国的生产许可证后，日本仿制哈奇开斯M1914机枪的产物。设计师南部麒次郎改造出新的口径，以便其能够发射日制6.5毫米（0.256英寸）弹药。

▶ **94式拳铳（“94式”手枪）**

1940年配属于日军华北方面军第2独立混成旅

该手枪主要配发给飞机机组成员和装甲车辆乘员，它原本的设计意图是要成为一款廉价手枪，但实际上最终却变得无比昂贵。如同其他日制手枪一样，它发射的也是8毫米（0.314英寸）口径低威力弹药。

技术参数

制造国：日本	枪管长：96毫米（3.78英寸）
年份：1934	口径：6.5毫米（0.256英寸，使用友坂弹药）
工作方式：未知	枪口初速：305米/秒（1000英尺/秒）①
全长：183毫米（7.2英寸）	供弹方式：6发容弹量弹匣供弹
重量：0.688千克（1.52磅）	
射程：未知②	

① 有误，应为290米/秒。
② 应为50米。

武器设计中最为著名的一款。这种手枪是日军军官和士兵常用系列佩枪中的一种。

“婴儿南部手枪”的正式名称为“南部A型1902式改进型”[1]。它发射的是7毫米（0.275英寸）弹药，而作为其原型的“南部A型1902式南部老爷枪”发射的则是更重型的8毫米（0.314英寸）弹药。南部B型手枪实际上是“老爷枪”的简化版。它相比其原型所做的改进有：改进了准星、握柄、保险机构、弹仓抓握处的指垫、可旋转的扣带环、铝制弹仓底板。以上两款南部式手枪的弹仓容弹量均为8发。其中，“南部老爷枪”由于弹仓中的弹簧偏软会经常走火并因此臭名昭著；而“婴儿南部”则成了收藏家们极力搜寻的日本枪械。“婴儿南部”手枪的总产量堪堪突破1万支，而且其中有一部分是由东京瓦斯与电力株式会社制造的。

南部系列手枪于1906年投产，到1925年，南部A型手枪则被南部14式手枪所取代。南部14式手枪的生产一直持续到二战结束，其总产量最后突破了25万支。南部14式枪管短行程后坐作用式半自动手枪发射的是8毫米（0.314英寸）口径南部弹药。该枪采用一只8发容弹量的可拆卸式弹匣供弹，其护弓比旧式手枪要大一些，而这正是改进的所在。南部系列手枪的精度很好，但其所发射的弹药威力却显著偏弱，弹药对目标的停止作用偏小，而且在其服役期内仍然一直没有改掉容易走火的老毛病。

侵略与占领

抗日战争期间，一个装备着友坂步枪并装上刺刀的日军步兵营正在大摇大摆地行军穿过中国某地的一个城镇。

南部14式手枪

1939年配属于日军第12军第115步兵师团，当时该师团驻扎在中国河南郑州

该手枪于1925年开始替换日军的老式A型系列手枪。南部14式手枪的改进非常有限，仅仅是手枪护弓变大了一点，但它依然非常容易走火。

技术参数

制造国：日本	枪管长：121毫米（4.76英寸）
年份：1925	口径：8毫米（0.314英寸，使用南部手枪弹）
工作方式：枪管短后座	枪口初速：335米/秒（1100英尺/秒）
全长：227毫米（8.93英寸）	供弹方式：8发容弹量可拆卸式弹匣
重量：0.9千克（1.98磅）	
射程：30米（98英尺）	

① 即南部14式B型，在西方市场上简称为南部B型手枪。

捷克斯洛伐克军工 1920-1945

早在奥匈帝国解体之前，后来组成捷克斯洛伐克的那些省份就以其生产的轻武器的质量而闻名于世。

斯柯达被公认为欧洲主要的武器生产商之一，其位于皮尔森的工厂为奥匈帝国陆军制造出了M1909轻机枪，而1909年时，斯柯达公司已建立有半个世纪之久。尽管该公司主要是以生产重型火炮甚至是为海军战舰生产炮塔而闻名，斯柯达和其他捷克军火公司还是诱使希特勒早在二战之前就声称并着手对这个中欧国家进行控制。

一战结束时，另一家捷克军火公司布尔诺兵工厂成立并开始生产ZB-53中型机枪。这款机枪使用的是7.92毫米（0.312英寸）毛瑟弹药，射速可达800发/分钟，采用一条225发子弹的金属弹链供弹。该设计被英国人仿制，他们在取得了捷克方面的生产许可证后开始生产这款冲锋枪并重新命名为贝莎机枪。贝莎机枪通常是加装在车上的。到20世纪30年代末期，ZK383冲锋枪已经在布尔诺兵工厂开始生产，其中有许多进入德军现役服役。尽管该枪后来的产量较低，但其生产还是持续到了1966年。

该公司的Lehky Kulomet[①]ZGB vz.26轻机枪（以下采用简称ZGB vz.33）也在德国陆军中服役并被出口至许多国家。其射速可达500发/分钟，采用30发容弹量的可拆卸式弹匣供弹。这种枪与虚名很响亮的布伦轻机枪拥有相似的枪族谱系，布伦轻机枪也是从ZB vz.26轻机枪衍生出来的。ZB vz.26轻机枪于1924年开始生产[②]。CZ-38型手枪是由弗朗蒂塞克·米斯卡设计并由捷克陆军订购的，1938年开始进行野战测试。其工作方式为自由枪机式。少数CZ-38手枪还被运到了保加利亚，但是已经生产出来的这1万支手枪最终大多都在各类德国安全部队中服役。该型手枪发射的是9毫米（0.35英寸）弹药，采用8发容弹量的弹匣供弹。

▲ **布伦轻机枪**

这是一挺由ZGB vz.26轻机枪设计衍生而来的布伦轻机枪，主要装备英联邦国家军队

英制布伦机枪的外形与ZGB vz.26相似，但其由于容弹量增加所造成的大弯曲度弹匣是最鲜明的识别特征。

技术参数

制造国：英国	枪管长：635毫米（25英寸）
口径：7.7毫米（0.303英寸）	年份：1935
工作方式：气动气冷式	枪口初速：743.7米/秒（2400英尺/秒）
射速：520发/分钟	供弹方式：30发弹匣
重量：10.35千克（22.5磅）	全长：1156毫米（42.9英寸）
	射程：1000米（3280英尺）

① 捷克语，直译字面意即为“轻机枪”。
② 此处有误。ZB-26原型样枪实际上是1923年参加捷克国防部筛选测试的，时称“布拉格2式机枪”；1924年，布拉格军械所破产，一切工作暂停；1925年11月，布尔诺国营兵工厂完成枪械技术蓝图晒图，其实际生产始于1926年。

CZ-38型手枪

1938年配发给德国警察使用

CZ- 38型手枪在战场上被证明是失败的，拉起其击锤所需要的力量过大而所用的9毫米（0.35英寸）短药筒弹药威力又太小。因为手枪短缺，德国陆军和警察被迫强行将其列装服役。

技术参数

制造国：捷克斯洛伐克	枪管长：119毫米（4.69英寸）
年份：1938	口径：9毫米（0.35英寸）
工作方式：枪管短后坐式	全长：198毫米（7.8英寸）
重量：0.909千克（2磅）	射程：30米（98英尺）
枪口初速：296米/秒（970英尺/秒）	供弹方式：9发弹匣

ZK-383冲锋枪

1941年8月进攻卢加的德国陆军北方集团军群所属第4警察装甲掷弹兵师曾使用过该枪

二战爆发前，大批ZK- 383冲锋枪从捷克斯洛伐克出口到德国。德军占领捷克之后，绝大多数武器被配发给了武装党卫军。

技术参数

制造国：捷克斯洛伐克	枪管长：325毫米（12.8英寸）
年份：1938	枪口初速：365米/秒（1200英尺/秒）
口径：9毫米（0.35英寸）	供弹方式：30发或40发弹匣
工作方式：自由枪机式	全长：875毫米（34.45英寸）
重量：4.83千克（10.65磅）	射程：100米（328英尺）

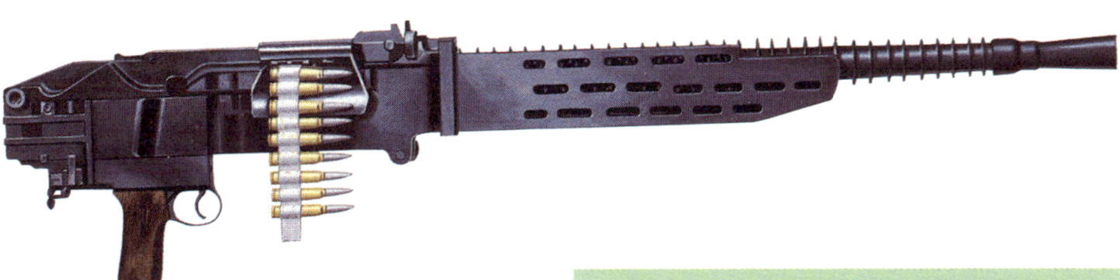

贝莎中型机枪

1942年配发给参加“托卜鲁克战役”的英国陆军第2坦克团

贝莎中型机枪是捷克ZB- 53中型机枪的英国版。通常，该机枪是加装在装甲车上使用的。它使用7.92毫米（0.312英寸）毛瑟步枪弹，也可使用缴获的德军弹药。

技术参数

制造国：捷克斯洛伐克	枪管长：736毫米（29英寸）
年份：1936	口径：7.92毫米（0.312英寸，使用毛瑟步枪弹）
枪口初速：825米/秒（2700英尺/秒）	
工作方式：气动气冷式	供弹方式：225发弹链
射速：750- 850发/分钟	重量：21.5千克（47磅）
射程：2000米（6560英尺）以上	全长：1105毫米（43.5英寸）

第四章

第二次世界大战：波兰与西线战场

二战西线战场的激烈战斗持续了5年之久，
时间从法国战役的1940年直至1945年的欧洲胜利日。
战场跨度则横跨低地国家、北非沙漠和意大利南部。
整个这段时期内，
数百万士兵用五花八门难以计数的
各种型号的轻武器奋力作战。
这些武器有的已经过时，有的却超前于这个时代。
虽然旋转后拉枪机式步枪依然统治着战场，
半自动步枪却首次出现在战场上，而全自动的枪械也开始成
为某些战场作战单位的常规配发武器。
它们显著提升了单兵火力的水平。
新一代重机枪能从固定的位置上倾泻毁灭性的火力，
而更轻型的机枪则更为便携，
能够跟着移动中的步兵有效发挥作用。

船上武器库

出访英国途中，美国海军的一名水兵正在测试一排春田M1903式步枪。尽管很多前线的美军部队已经换装了伽兰德M1型步枪，春田步枪依然在美军的其他分支机构中服役。

导言

第二次世界大战西线的战争形态是由小股部队运用进攻和防御战术来应对日益增加的敌军火力的行动所塑造的，静坐战变成了运动战。

1940年5月，德军开始执行“黄色作战方案”时，西线正在进行“奇怪战争”，德国人称之为“静坐战”。随即，真刀真枪的战争开始了。德军装甲部队的闪电战快速推进使得他们仅仅几天之内就从法国和比利时边境推进到了英吉利海峡岸边。德军坦克一路向西滚滚向前的时候，冒了侧翼暴露并遭反击的巨大风险。德国步兵确保了新占领土地的安全，他们坚守这些地方并最终对正在敦刻尔克的英国远征军形成了钳形攻势。

从很多方面看来，德军与处于防御姿态的英法军队之间的战争只是前辈那些旧冲突的一种新版本。然而，这次再也不会有什么堑壕里的消耗战了。仅仅一个月之后，法国投降，英国势力被从欧洲大陆赶了出去。德军把他们的毛瑟步枪斜靠在肩头，到处在巴黎的街头巡游。

英国远征军从法国北部撤离，原封未动地丢弃了大批宝贵的装备。数千挺维克斯机枪和李恩菲尔德弹匣式短步枪被遗弃在敦刻尔克海滩上。法国战俘团向德军上缴了他们的武器。重新装备和武装从敦刻尔克撤出来的35万盟军士兵是一份艰苦的工作，英国独自抵抗纳粹德国超过一年之久。英国人被迫参加了注定要失败的对希腊的入侵以及最终确实失败了的试图维持对克里特岛控制的战役。维持对克里特岛上的英军和北非英军的补给的需求非常迫切。这种迫切需求迫使两条战线上的英军兵力稀薄，造成了北非虽然胜利但战果有限，克里特岛守军却陷于失败。

▲ **防御火力**

美军防御火力。一个装备了M1伽兰德步枪和M1卡宾枪的混编美军反坦克分队向德军开火还击。1944年11月，这些德军用机枪在荷兰某地扫射了美军坦克。

纳粹国防军火力

德军在1940年4月入侵丹麦和挪威期间正在操作一挺MG34机枪。

美国军工

纳粹德国在1941年入侵苏联使得似乎不可能结盟的美苏两国达成同盟并参战。本年底，德国对美宣战，终于使得英国期待的时来运转成为现实。尽管美国在珍珠港遭受了日军的惨重袭击，富兰克林·罗斯福总统和温斯顿·丘吉尔首相还是同意应该首先击败纳粹德国，其优先度排在击败日本之前。美国承诺投入的兵力和武器装备数量庞大，远超1940年至1941年期间根据《租借法案》维持英国继续作战的生命线所输送的那点物资。尽管盟军部队在有些时候似乎还稍显不足，英美几乎还是立刻制定了渡过英吉利海峡进攻纳粹占领的欧洲大陆的计划。

美军严重依赖于一战时期的老式武器，其中包括春田M1903型步枪和勃朗宁M1917型机枪，这些武器在20世纪30年代时都进行过一些改进。到1937年时，M1伽兰德步枪和稍小一些的M1卡宾枪已经被美军所接受，正在逐步装备部队。M1步枪是世界上第一款官方正式引入现役的半自动步枪，也被事实证明是美国士兵在战斗中的一项关键优势所在。

但是德国的枪械设计师们没有停下他们充满创意的武器研发项目，他们继续发明并大量部署了坚固强健的34式机枪（MG34）。其发射频率相当高且具有适中的便携性。而且德国人改进了MG34机枪的设计，部署了相当多的42式机枪（MG42）。尽管简单耐用的MG42机枪原计划用于替换MG34，但这两款机枪一直大规模并行生产至战争结束。

或许，未来地面战争的最为显著的先驱当属德国发明的StG-44突击步枪。这是一种全自动步枪，在单兵手中能够发挥出强大的火力。此后，它成了长期服役的旋转后拉枪机毛瑟Kar98k步枪的一种助力。虽然起初StG-44数量稀少，它还是使得D日（1944年6月6日）登陆后在诺曼底防线作战的盟军士兵大吃一惊，很多人认为StG-44是第一款在战争中实用化的突击步枪。到1945年时，盟军已从西线深入德国境内。盟军穿过意大利北部山区的行动也从南方威胁着第三帝国。同时，苏联人从东面压了过来，美英军队驻足易北河畔并在那里遇见了红军先头部队。盟军携带的武器与其持久作战的毅力一道，被证明即便面对德国人的发明创造也是足以赢得胜利的。

波兰陆军 1939年9月

处于绝对劣势的波兰陆军英勇作战，以便拖延德国闪电战的步伐；然而，波兰陆军在仅仅几周内就被德国国防军和苏联红军彻底压倒。

20世纪30年代，波兰政府及其军队指挥官们越来越担忧与德国爆发战争的可能性并为此制定了保卫祖国的各种计划。波兰陆军包括：30个步兵师，11个骑兵旅，9个预备役师，3个山地旅和2个摩托化旅。这些部队被编成6个野战集团军和几个额外的“机动兵团”。一战结束后的第二年，波兰立即就从法国获得了军事援助。

德军迅速向波兰内地纵深推进，这阻断了波兰最高统帅部所设想的那种协同防御的努力，波兰陆军师级以上规模的互相支援行动很受限制。即便如此，到1939年9月1日，波兰陆军兵力达到了70万人。虽然重武器和装甲车相对较少，波兰人那时还是保有超过3个营的法制雷诺轻型坦克和11个装甲车营。每个营装备了8辆装甲车和13辆超轻型坦克。这些波兰枪骑兵随身携带着wz.29型卡宾枪，枪支横向放置在马背上。波兰陆军把他们的骑兵部队当作“马背上的步兵”而非纯作骑兵来使用。

▲ **骑兵的力量**

这些波兰枪骑兵随身携带着**wz.29**型卡宾枪，枪支横向放置在马背上。波兰陆军把他们的骑兵部队当作“马背上的步兵”而非纯作骑兵来使用。

1939年的波兰步兵营包括3个步枪连和1个机枪连。每个步枪连由232人组成，他们分编为3个步枪排。每个排都下辖3个步枪班组，每组19人。波兰步兵的主要单兵武器是wz.29卡宾枪。这种卡宾枪是以德国毛瑟98步枪[①]为基础改造出来的旋转后拉枪机步枪。wz.29卡宾枪使用7.92毫米（0.312英寸）弹药，这种弹药也是各型毛瑟步枪的标准弹药。wz.29 采用5发内置弹匣供弹，其平均射速为15发/分钟。1930年，该型步枪开始在位于拉多姆的波兰国营兵工厂进行生产，总产量为26.4万支。波兰沦亡后，一些波兰抵抗武装还在使用这款步枪。盟军中的一些由波兰裔组成的作战单位也使用它。

每个机枪连下辖12挺Ckm wz.30重型机枪。为支援步兵连，营级指挥部特别指令为每个步兵连提供一个下辖3挺机枪的机枪排。Ckm wz.30机枪是波兰仿造美国勃朗宁M1917水冷机枪的产物，可使用7.92毫米（0.312英寸）毛瑟步枪弹。1930年至1939年期间，总共只生产出7800挺Ckm wz.30机枪。虽然波兰人与柯尔特公司达成了一份由其为波兰生产M1917型机枪的订单，柯尔特公司和比利时国营兵工厂[②]之间却出现了争议。FN公司是M1917机枪在欧洲的被授权许可生产方。波兰从未得到过生产这款机枪的专利许可。因此，波兰设计师继续改进他们

① 即长1.11米的第一次改进型毛瑟98a，而非长1.25米的再次改进型毛瑟98b。
② 即FN公司。

自己版本的仿制品。在每个人数为19人的步枪班组中，有1人装备的是 Rkm wz.28步枪。这种步枪是波兰从美国获得生产许可证后自行制造的波兰版勃朗宁自动步枪（BAR）。它给该级作战单位带来的火力提升非常有限。每个波兰步枪连中还装备了9挺轻机枪、3支反坦克枪和3具轻型迫击炮。

▲ **wz.29卡宾枪（Kbk wz.29）**

1939年9月间配发给在罗兹市的波兰陆军第55步兵团

该枪是一款以毛瑟98a步枪为蓝本制造出来的旋转后拉枪机卡宾枪，也是波兰陆军1939年9月时的标准配发枪械。它可以发射7.92毫米（0.312英寸）口径的毛瑟M98弹药。

技术参数

制造国：波兰	枪管长：600毫米（23.62英寸）
年份：1930	口径：7.92毫米（0.312英寸，使用毛瑟M98型弹药）
枪口初速：845米/秒（2772英尺/秒）	供弹方式：5发内置弹仓
工作方式：旋转后拉枪机	射程：500米（1640英尺）以上
全长：1110毫米（43.7英寸）	
重量：3.9千克（8.6磅）	

▲ **wz.39莫斯手提轻机枪**[1]

1939年9月配属于驻扎卢布林市的波兰陆军第36步兵团

在试用了德国埃尔福特机械制造公司[2]制造的冲锋枪之后，波兰设计师在1937年至1939年间历经两年，发明出了莫斯冲锋枪。生产工作于1939年开始；然而到德军入侵波兰为止，总共只造出了40支该型冲锋枪[3]。

技术参数

制造国：波兰	枪口初速：400米/秒（1312英尺/秒）
年份：1939	供弹方式：24发弹匣
口径：9毫米（0.35英寸）	重量：4.25千克（9.37磅，为无弹仓时净重）
工作方式：自由枪机式	射程：440米（1444英尺，需使用可调铁制瞄准具）以上
全长：970毫米（38英寸）	
枪管长：300毫米（11.8英寸）	

▶ **拉多姆wz.35手枪**

曾于1939年9月配发给波兰陆军驻华沙“威廉斯卡（wilenska）骑兵旅”

9毫米（0.35英寸）口径拉多姆wz.35手枪是1935年时为波兰陆军设计的。其总产量高达36万支。该枪又名ViS手枪[4]，纳粹德国入侵波兰之后，也开始使用这种半自动手枪。

技术参数

制造国：波兰	枪管长：115毫米（4.53英寸）
年份：1935	口径：9毫米（0.35英寸）
枪口初速：350米/秒（1150英尺/秒）	供弹方式：8发可拆卸式弹匣
工作方式：枪管短后坐	全长：197毫米（7.76英寸）
重量：1.022千克（2.25磅）	射程：30米（98英尺）以上

---

① 此处依据波兰语直译，意译则为冲锋枪；Mors为拉丁语，意为死亡。

② Erfurter Maschinenfabri，简写为ERMA。

③ 其设计时间实际应为1936年至1938年，具体参考的应该是德制ERMA EMP-35。到战争爆发时，华沙卡宾枪总厂只造出39支该型枪械。其中有3支为原型枪。

④ 原文中拼作Vis，有误。

纳粹国防军 1939年9月-1940年6月

德国陆军在波兰土地上滚滚向前，不断胜利，随后又在1940年春击溃了英法军队。在此过程中，他们展现出了超乎寻常的速度和协调性。

当阿道夫·希特勒（1889–1945）于1933年1月上台之前，德国陆军就已经在采取措施绕过《凡尔赛和约》的限制。1933年秋，希特勒总理宣布德国退出国联并波澜不惊地授权陆军扩军至30万人。这个数字是《凡尔赛和约》允许上限的3倍。为了跟上扩军的步伐，新兵训练计划在体育社团和纳粹党青年组织发展计划的掩护下加速开始。

在奥德合并之后，德国吞并苏台德地区并强占捷克斯洛伐克剩余的领土，随后又在盟国绥靖政策的高峰期内攫取了其他领土。希特勒最终于1939年9月1日入侵波兰。战争爆发时，德国陆军调集了超过60个步兵师和装甲师，他们与波兰陆军的比例达到了10：1。

德国于1939年9月1日入侵波兰时，其野战军（德语为：feldheer）下辖的一个满编标准步兵师平均员额为17500人，其中包括了一部分后勤、支持人员。德军一个师中，战斗步兵编制为3个团，每个团由1名上校指挥。该上校直接向负责指挥该师的将军负责。德军从1938年开始进行组织员额核准工作，核准后，一个德军团大约包括了3100名军官及士兵。每个团下辖3个营，每个营又下辖3个连并配有轻、重机枪和轻型迫击炮。一个步兵连一般最多为200人，而一个

1939–1940年期间的德国步兵营编制

单位	指挥官	士兵
营指挥部	5	15
通讯排		19
战斗用大车	2	17
补给品大车		8
辎重大车		7
机枪连	4	173
连指挥部	1	20
战斗用大车		11
补给品大车		3
迫击炮排	1	67
2个机枪排（每个均包含）	1	36
3个步兵连（每个均包含）	4	186
连指挥部	1	11
战斗用大车		18
补给品和辎重大车		6
机枪班		16
3个步兵排（每个均包含）	1	45
排指挥部	1	3
轻型迫击炮班		3
3个步兵班（每个均包含）		13
总计为820名各级军衔人员	23	797

▶ 卢格（巴拉贝鲁姆）M1908手枪

1939年9月配属于入侵波兰的德国陆军第50步兵师

该枪也因为其设计师卢格的名字而被俗称为“卢格手枪”。这种半自动手枪采用的是肘节闭锁系统而非滑动枪套系统。该枪的弹仓位于其握柄内部。虽然由新式手枪列装，二战中的德国军官还是普遍使用卢格手枪。

技术参数

制造国：德国
年份：1908
口径：9毫米（0.35英寸）
工作方式：肘节闭锁、枪管短行程后坐式
重量：0.96千克（2.125磅）
枪管长：127毫米（5英寸）
枪口初速：351米/秒（1150英尺/秒）
供弹方式：8发容弹量可拆卸式弹匣
全长：222毫米（8.8英寸）
射程：30米（98英尺）

营的员额数为825名军官及士兵。因此，每营另有1个额外的重武器连，他们装备了迫击炮和重机枪，能够根据营指挥官的指令进行部署。1939年的德军步兵师装备了约650挺机枪以及相应配属于步兵的步枪、冲锋枪、手枪。在整个战争过程中，步兵师的编制组织曾发生过变化，而这是因为，根据在波兰的战斗经验，每个德军步兵班（小队）的人数从13人下调至10人。

二战中，德军的骨干力量是其步兵排，

▼ 1940年时的德军步兵班①

为了兼具火力的有效性和行动上的灵活性，1940年时，德国的步兵小分队由13名士兵组成。其中，有7名步枪手装备的是毛瑟Kar98k步枪，而由3名士兵组成了机枪小组。分队长或者助理分队长往往装备的是MP40冲锋枪。该冲锋枪射速可达550发/分钟，发射的是9毫米（0.35英寸）口径弹药。经过威力强大的MG34机枪加强火力的补充，小分队的火力非常可观。

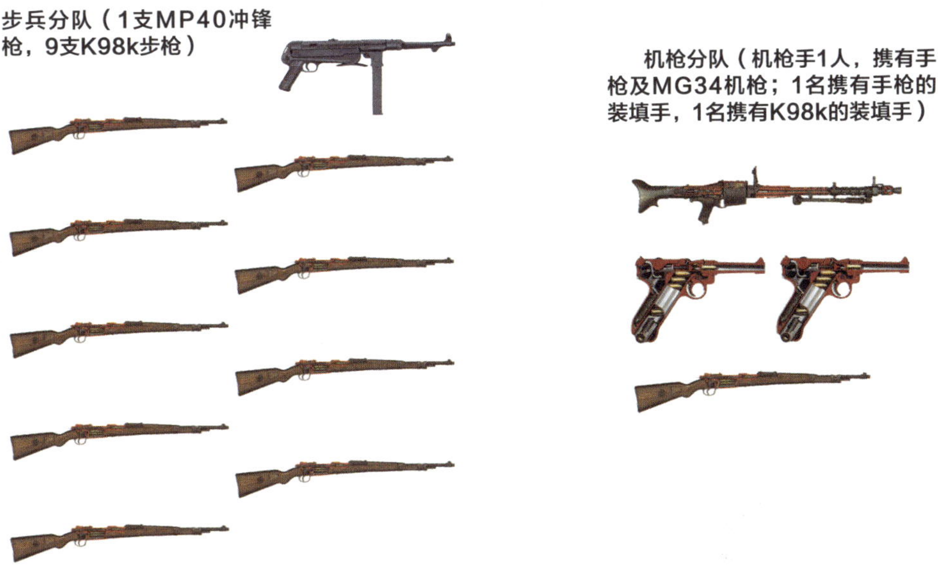

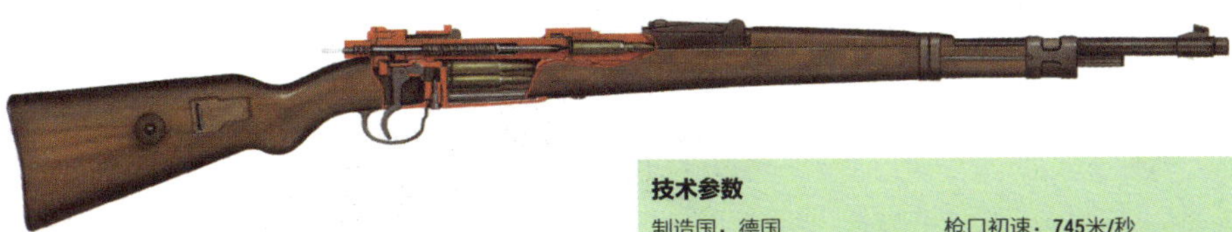

▲ 毛瑟Kar98k步枪

1939年9月配属于入侵波兰的德国陆军第213步兵师

标志性的毛瑟Kar98k是二战时期德国陆军的制式步枪。该枪的旋转后拉枪机则改进自稍早的毛瑟Gew.98。Kar98k步枪的射速可达15发/分钟。时至今日，该枪在狙击手这一兵种中依然非常流行。

技术参数

制造国：德国
年份：1935
口径：7.92毫米（0.312英寸，使用毛瑟M98步枪弹）
工作方式：旋转后拉枪机
重量：3.9千克（8.6磅）
全长：1110毫米（43.7英寸）
枪口初速：745米/秒（2444英尺/秒）
供弹方式：5发内置弹仓
枪管长：600毫米（23.62英寸）
射程：500米（1640英尺，需使用铁制瞄准具②）以上

---

① 也有译为小队或小分队的。
② 即使用觇孔标尺模式。

1939年时，一个德军步兵排下辖士兵略少于50人。其具体构成为：3个步兵小分队，每队13人，1个50毫米（2英寸）口径轻型迫击炮小组，由1名佩戴手枪的指挥官和3名负责通信机要的配有步枪的士兵共同组成的排指挥部。通常，由两名士官分别担任小分队的正副队长，3个小分队均同此例。除此以外，每支小分队都有7名步枪手和4名操作MG34机枪的机枪组成员。一般来说，两名士官中有一人配备的是MP40冲锋枪。机枪组成员中，有两人佩戴手枪，另一人装备的则是步枪。

经久不衰的毛瑟

1935年，德国陆军列装了最新式的毛瑟步枪作为其制式武器。该步枪是毛瑟枪族那长长的产品线上的最新改型，即毛瑟98式短管卡宾枪（Kar98k），又可简称为毛瑟K98k或K98。该步枪是一种旋转后拉枪机步枪，可使用标准型的毛瑟7.92毫米（0.312英寸）口径弹药。自1935年至1945年，毛瑟Kar98k

▲ 轻步兵

1940年5月，在入侵法国期间，一名德军士兵站在相机前留影。他的装备是德军制式Kar98k步枪和M24木柄手榴弹，身上还带有MG-13轻机枪的备用弹匣。

▲ MG13机枪

1939年配属于入侵波兰的德国陆军第301步兵团

该机枪是对一战时期一款水冷式武器的改进。它采用气冷模式，每分钟能够发射600发子弹。虽然原计划由MG34机枪替换MG13机枪，但MG13机枪未被完全淘汰而仍旧在役。

技术参数

制造国：德国
年份：1930
口径：7.92毫米（0.312英寸，使用毛瑟步枪弹）
工作方式：枪管短后坐
射速：600发/分钟
重量：13.3千克（29.32磅）
枪管长：未知
枪口初速：890米/秒（2919.2英尺/秒）
供弹方式：25发弹匣或75发弹鼓
全长：1443毫米（56.8英寸）
射程：2000米（6560英尺）

的总产量非常可观，其中共有1460万支列装部队服役。

毛瑟Kar98k采用每只5发的桥夹装弹，其内置式弹仓也为5发容弹量。该枪系由毛瑟Gew.98改进而来。德军在19世纪到20世纪之交的那几年里大批量装备毛瑟Gew.98步枪，并成了德军在第一次世界大战中的主要步兵武器。两次世界大战之间的那些年里，几种毛瑟Gew.98步枪的改型相继出现，而K98k步枪则试图集这些优点于一身。K98k步枪全重为3.9千克（8.6磅），长度为1110毫米（43.7英寸）；这比原始型号的Gew.98步枪都要更轻和更短。因此，毛瑟Kar98k被命名为“短卡宾枪”。该枪的生产许可被授予了几个其他国家，其中就包括了捷克斯洛伐克和土耳其。

毛瑟Gew98步枪所采用的毛瑟M98旋转后拉枪机系统在毛瑟Kar98k上有所改动。其枪栓拉机柄由横直式改为下弯式，以便改为使操作更简洁，并且在操作过程中不影响机械瞄准具的视线。毛瑟Kar98k在500米（550码）的距离上精度依然较好，以其坚固耐用和可靠性著称。该枪的附件包括了安放标准型步兵用刺刀的刺刀座、用于清理附带防御工事的建筑物或坚固火力点的榴弹发射器。毛瑟Kar98k的射速可达15发/分钟。德军还在各条战线上部署了该枪的狙击改型，这种狙击改型的总产量为13.2万支。

步兵支援

多用途的“34式机枪”（或简称为MG34）无疑在1934年至1935年间列装德国陆军并服役的那个时间段内是整个世界上最好的机枪。MG34最初基于莱茵金属公

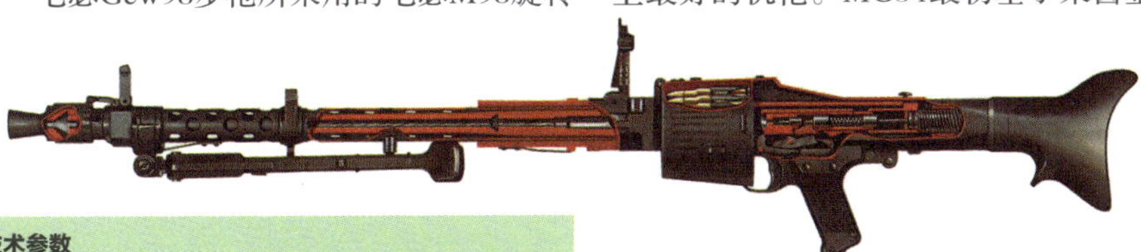

技术参数

制造国：德国	枪管长：627毫米（24.75英寸）
年份：1936	枪口初速：762米/秒（2500英尺/秒）
口径：7.92毫米（0.312英寸，使用毛瑟步枪弹）	供弹方式：50或75发 弹鼓，或最多250发弹链
工作方式：气冷后坐式	全长：1219毫米（48英寸）
射速：800- 900发/分钟	射程：2000米（6560英尺）以上
重量：12.1千克（26.67磅）	

▲ **MG34机枪**

1940年5月配属于入侵荷兰的德国陆军第207步兵师

MG34机枪成了评价二战早期其他各型机枪的标准。MG34是一款优秀的武器，射速很高且易于操作；然而，直至1939年，由于MG34机枪制造成本过高、制造工序过于精细，其可供装备部队的产量非常有限。

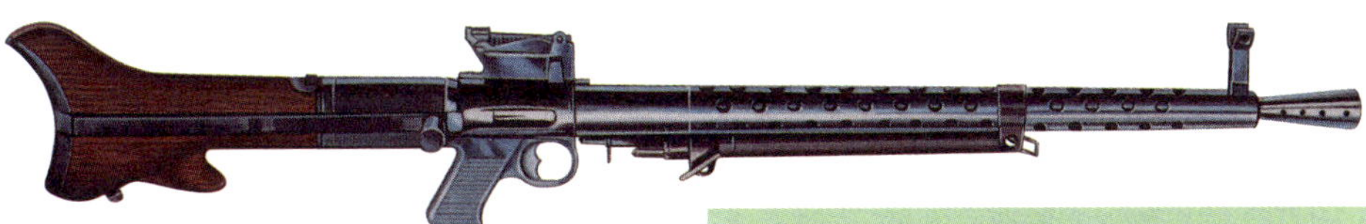

▲ **索洛图恩MG30机枪（简称MG30）**

1940年4月配属于入侵挪威的德国陆军第69步兵师

该枪由莱茵金属公司设计制造并列装瑞士陆军现役部队服役，随后，德国军队也开始列装这款机枪。毛瑟公司的设计师海因里希·孚尔默将其做了改进，发明出标志性的MG34机枪。

技术参数

制造国：德国	枪管长：595毫米（23.42英寸）
年份：1930	枪口初速：800米/秒（2650英尺/秒）
口径：7.5毫米（0.295英寸，使用施密特-鲁宾步枪弹）	供弹方式：25发容弹量可拆卸式弹匣
工作方式：气冷后坐式	全长：1175毫米（45.25英寸）
射速：500发/分钟	射程：2000米（6560英尺）以上
	重量：7.7千克（17磅）

司的一款设计方案改进而来。该原始方案即索洛图恩MG30机枪，而MG30机枪已经早几年进入了瑞士军队现役服役。MG30被毛瑟公司的海因里希·孚尔默（Heinrich Vollmer，1885-1961，又译为海因里希·沃尔默）拿来改进。他把该枪的供弹机构改到枪管左侧并为枪管加上了隔热罩。枪械操作机构的改进使得该枪的射速达到了惊人的800-900发/分钟。

MG34通用机枪既可以作为轻机枪使用，也可以在更为稳定、不需移动的重机枪防御位置上发挥作用。作为轻机枪使用时，它采用50或75发容弹量的弹鼓供弹，弹药口径为7.92毫米（0.312英寸）；而当作为重机枪和防御火力使用时，该枪则被放置在三脚架或两脚架上，采用弹链供弹。每条弹链长度为50发，每个弹药箱可装5条弹链。这些单独的弹链也可以驳接起来以供持续射击之用。对于一个训练有素的操作者来说，更换枪管的流程很快。他只需拔开一个枪管固定闩并把枪机连杆总成（机匣）拨到一边，然后塞入一根新的枪管就可以了。该机枪的双月牙形扳机还能使枪手自主选择单发点射或者全自动射击这两种射击模式。

MG34机枪以其制造时的高精度、高昂的生产成本而广为人知。尽管MG34在战场上十分可靠而且是战场上的主宰力量，但它太过昂贵，到1939年战争爆发时的生产数量也太少了。1939年战争爆发时，MG34未能完全替代老旧的MG13机枪和其他各型机枪。MG34自1934年开始投入生产直至二战结束才告停产。

保卫挪威、法国和低地国家 1940年4-5月

1940年春，德军在西欧的快速突进横扫了其几个弱小邻国的军队并迫使法国在数周内投降。

在击败东面的波兰之后，希特勒一直在等待时机。直至1940年春，才发动对法国、低地国家和斯堪的纳维亚半岛的入侵。法国陆军共有133个师，仅从纸面上看来似乎是一个不可战胜的敌人。但是他们害怕再一次遭到1914年至1918年间的那种血洗式的损失，因此，他们仅仅满足于在德法边境上修筑宏伟的马其诺防线。

法国人回想起一战时法军混乱的步兵队形在德军的机枪火力面前被成批“收割”的场面。因此，他们放弃了原来的战术原则，不再对有战壕保护的敌军阵地发动大规模步兵突击。法国人认为，马其诺防线对直接的德国入侵威胁是一种（已经足够了的）威慑。而另一方面，有些人认为，德国人可能会再一次复制1914年的“施里芬计划”。他们预计，大规模的德军步兵军团将以比利时为轴心，向法国扫荡过去。这也是他们所认为的符合逻辑的德国进攻线路。所以，法国人认为，继续保持与比利时的合作是阻止这一横扫的最佳方法，这也正是法国军队在二战爆发前夜所日思夜想的事情。

1940年时期的法国步兵排的组成为：1名指挥官，3支步兵小分队（班）（每支由10人构成，均配有步枪）和2个榴弹发射器小组。轻机枪也被下发到班一级，由1名枪手和1名装填手负责操作。

法国人列装新式步兵武器的步伐落后于其他国家。到战争爆发的时候，绝大多数的法国士兵装备的还是贝蒂埃步枪。这是一款

一战时期使用的旋转后拉枪机步枪，于1907年列装服役并于1915年接受过一次改进。燧发自动式M1917步枪则是一款发射8毫米（0.314英寸）勒贝尔步枪弹的气动式半自动步枪。M1917步枪于1917年列装现役部队，但由于其产量太少，列装工作于第二年就被迫停止。该枪总共只列装了8.6万支。M1917式RSC半自动步枪被证明不受一战时期法国前线部队的欢迎。1926年第二次摩洛哥战争结束后，很多该型号的步枪退出现役。1940年5月10日，德军入侵法国时，以上提及的武器中，仅有少数仍在服役。

到1936年，法军中老旧步枪的弊端终于被人们注意到了。法军制订了一份使用新

“勃朗宁35式大威力手枪”

1940年5月配属于比利时陆军第11步兵师

该枪之所以被称之为“大威力手枪”是由于其13发容弹量的弹仓。这种勃朗宁HP35枪管短行程后坐式手枪成了有史以来最成功的手枪之一，并影响了其他多款手枪。

技术参数

制造国：美国	枪管长：118毫米（4.65英寸）
年份：1935	枪口初速：335米/秒（1100英尺/秒）
口径：9毫米（0.35英寸）	供弹方式：13发容弹量可拆卸式弹匣
工作方式：枪管短行程后坐作用式	全长：197毫米（7.75英寸）
重量：0.99千克（2.19磅）	射程：30米（98英尺）

克拉格-约根森步枪

1940年4月配属于驻奥斯陆的挪威陆军第4步兵团

该枪由挪威本国设计并于19世纪80年代末期投入生产。它采用外置弹匣供弹，该弹匣无须拉开枪机即可从侧面开始装填，这样不必打光最后一发子弹再装弹。该枪曾于19世纪到20世纪之交那几年里装备美国陆军。

技术参数

制造国：挪威	全长：986毫米（38.8英寸）
年份：1886	枪口初速：580米/秒（1900英尺/秒）
口径：7.62毫米（0.30英寸）	供弹方式：5发外置弹匣
工作方式：旋转后拉枪机	枪管长：520毫米（20.5英寸）
重量：3.375千克（7.4磅）	射程：500米（1640英尺）

M1917式RSC半自动步枪

1940年6月配属于驻防马其诺防线的法国陆军第104步兵师

该步枪是从M1886型勒贝尔步枪改进而来的半自动步枪。该枪与勒贝尔步枪通用同一种弹药，采用5发容弹量弹匣供弹。

技术参数

制造国：法国	枪管长：798毫米（31.4英寸）
年份：1917	枪口初速：853米/秒（2800英尺/秒）
口径：8毫米（0.314英寸，使用勒贝尔步枪弹）	供弹方式：5发固定弹匣
工作方式：气动式，旋转式枪机	全长：1331毫米（52.4英寸）
重量：5.25千克（11.6磅）	射程：300米（984英尺）

式旋转后拉枪机MAS-36步枪来成批替换仍旧在役的贝蒂埃步枪和勒贝尔步枪的计划。然而，由于预算有限，最终只造出了少量MAS-36步枪，而其中只有寥寥几支由国营圣埃蒂安兵工厂制造的步枪在1940年时可资利用。勒贝尔M1886/93型步枪依然是榴弹发射小组成员们的主要步兵武器。

此时，标准型的法国轻机枪依然是7.5毫米（0.295英寸）口径的“24/29式轻机枪”。该枪设计完成于20世纪20年代，并于两次世界大战之间的间歇期内服役。其射速为450发/分钟，采用25发容弹量的弹匣供弹。其性能表现优异，以至于一直服役至20世纪60年代才被替换。

比利时的常备陆军人数为10万人，而经过动员之后，其人数可扩充至55万人。然而，1939年保卫比利时的那18个步兵师和2个骑兵师中，总共只装备了160挺机枪，其中52挺为重机枪。

1940年的比利时步兵排包括了1个由1名陆军上尉、1名军士和1名当值军官共同领导的排指挥部。军官们一般佩有9毫米（0.35英寸）口径的勃朗宁手枪，而军士和值班军官所佩的手枪则为较为老式的7.65毫米（0.301英寸）FN M1889步枪。该步枪原本由毛瑟公司设计，上文中提到的是在比利时本土许可证生产的版本。每排下辖4个班，每班下辖一个由中士率领的机枪分队、5名步枪手、1名机枪手、由5名步枪手和1名军士组成的1个步兵分队。机枪手使用的是勃朗宁FM30轻机枪（有时该轻机枪也被描述成一种类似于勃朗宁全自动步枪的自动武器）。

1940年4月，德军入侵挪威时，人数很少的挪威军陆军被打了个出其不意。其仅能部分动员，总共6个师中，只有4个营的兵力展开部署，保卫祖国。挪威步兵营中，一般下辖有一个装备了12挺机枪的机枪连。这些机枪要么是老掉牙的过时了的哈奇开斯M1898型机枪，要么就是稍新一些的柯尔特M29型机枪。柯尔特M29机枪除了作为步兵武器使用以外，还兼任防空机枪的角色。

挪威军队中的一个排下辖4个由10人编制的轻机枪班。每个机枪班的人员包括1名中士，1个机枪组和另外5名步枪手。这些步枪手装备的是克拉格-约根森（挪威语原文为Krag-Jørgensen）M1894式旋转后拉枪机

▲ **MAS-38型手提式轻机枪（冲锋枪）**

1940年5月配属于法国陆军第3集团军第56步兵师

该枪的精度高、后坐力小，但其发射的却是低威力的7.65毫米（0.301英寸）弹药。该武器的设计优秀、制作精良，但预算不足却限制了它的产量。

技术参数

制造国：法国
口径：7.65毫米（0.301英寸，使用“长弹药”：Longue）
工作方式：自由枪机式
全长：832毫米（32.75英寸）
重量：4.1千克（9.1磅）
枪管长：247毫米（9.75英寸）
年份：1938
枪口初速：395米/秒（1300英尺/秒）
供弹方式：32发弹匣
射速：500发/分钟
射程：70米（230英尺）

步枪。在被春田M1903式步枪替代前，约根森步枪也曾在美军中服役过。据传，约根森步枪在“美西战争”中的表现不如西班牙步兵使用的毛瑟步枪。不管怎样，各型约根森步枪在其长达半个多世纪的生产期内的总产量超过了70万支。这种6.5毫米（0.256英寸）口径的武器是一款挪威本土原创设计的产品。它得名于其两位设计者——奥勒·赫尔曼·约翰内斯·克拉格（1837–1916）和埃里克·约根森（1848–1896），约根森步枪采用一个5发弹匣供弹。

英国远征军

1939年9月3日，英国向纳粹宣战，仅仅1周时间之内，就有来自于英国陆军的4个步兵师踏上了法国土地。到第二年春天时，10个师总计约40万人的英国部队已经抵达欧洲大陆。这些部队一般只在法国北部和比利时一带作战，但是他们被德军的佯攻行动所迷惑，进而被从阿登森林穿插过来的纳粹国防军切断了退路。这些英军最后退到了位于敦刻尔克的海滩，等待大撤退。数千吨的武器装备被遗弃；然而总共约有35万名盟军士兵

▲ **布伦Mk I型轻机枪**

1940年5月被英国远征军第1威尔士近卫营丢弃在敦刻尔克

该机枪的设计改进自已经得到实战验证的捷克斯洛伐克设计[①]。相比之下布伦I型的射速较低，但精度却更高。布伦轻机枪共有5种改型，最晚到1982年英阿“马岛战争”时仍有使用该枪的纪录。

技术参数

制造国：英国
年份：1937
口径：7.7毫米（0.303英寸）
工作方式：导气式
枪管长：635毫米（25英寸）
重量：10.25千克（22.5磅）
全长：1150毫米（45.25英寸）
枪口初速：730米/秒（2400英尺/秒）
供弹方式：30发弹匣
射速：500发/分钟
射程：1000米（3280英尺）

技术参数

制造国：英国
年份：1937
口径：13.97毫米（0.55英寸）
全长：1150毫米（45.25英寸）
重量：16千克（35磅）
枪口初速：747米/秒（2450英尺/秒）
供弹方式：5发弹匣
枪管长：910毫米（36英寸）；机载版枪管长为762毫米（30英寸）
工作方式：旋转后拉枪机
射程：对16- 19毫米（0.63- 0.75英寸）装甲的有效射程为90米（295英尺）

▲ **博斯Mk I型反坦克步枪**

1940年5月配属于英国远征军第143旅皇家沃里克郡团

沉重的博斯反坦克步枪总重约为16千克（35磅）。为加强其稳定性，它配备了1具两脚架和1个带有垫圈的枪托。但是就在博斯反坦克步枪于1937年面世后不久，新一代肩扛式反坦克武器很快就使这款反坦克枪成了过时货色。

① 布伦机枪与捷克ZB–26同出一源，均可追溯到布拉格军械所的“布拉格2式”。

得以逃脱，预备来日再次与纳粹作战。

1940年时的英军步兵排中包括了排指挥部的人员、3个步兵班（每班有8人）。每个英军步兵排共计约有30人。其中的每个班由1名下士或1名一等兵领导，下辖7人；这七个人都装备着李恩菲尔德弹匣式短步枪（SMLE）。班用机枪则是布伦轻机枪，由射手和装填手负责操作，他们除此之外也携带有自己的步枪。

李恩菲尔德弹匣式短步枪Mk III型于1907年进入英军现役服役。它在此后半个世纪内成了英军主要的步兵轻武器。该步枪的总产量突破了1700万支。时至今日，有些特勤部队仍在使用这种步枪。该步枪的源流可以追溯至1895年，当时，李恩菲尔德弹匣式步枪（MLE）被英国陆军所选用。它得名于其设计师詹姆斯·帕里斯·李（1831–1904）以及设在恩菲尔德地区的皇家轻兵器工厂。李恩菲尔德步枪最初就出自那里。李恩菲尔德弹匣式短步枪发射的是7.7毫米（0.303英寸）口径弹药。它采用10发容弹量的弹匣供弹，该弹仓由5发装的桥夹装填。该枪经过改进后，可发射高初速的新型斯皮策弹药。同时，其瞄准具和弹仓也经过了改进。

▲ **巷战**

德军正在进行巷战，他们装备着弹鼓供弹的MG34班用机枪。图中的德军是1940年4月入侵挪威的部队，他们正在穿过奥斯陆城中的街道。

布伦轻机枪可为小股步兵部队提供火力支援，它是由捷克斯洛伐克ZB vz.26机枪改进而来的衍生型号。布伦轻机枪于1938年进入英军现役服役。布伦轻机枪、勃朗宁机枪和维克斯机枪三者之间于20世纪30年代初期曾进行过激烈的选型竞争。最终英军选择了布伦这种源自于捷克的设计。但是布伦轻机枪相比其原型有所改动。其口径改为7.7毫米（0.303英寸）以便使用英制7.7毫米口径弹药。“布伦”（Bren）的命名源于生产商布

技术参数

制造国：英国	全长：760毫米（29.9英寸）
年份：1941	枪管长：196毫米（7.7英寸）
口径：9毫米（0.35英寸）	枪口初速：365米/秒（1198英尺/秒）
工作方式：自由枪机式	
重量：3.1千克（7磅）	供弹方式：32发容弹量可拆卸式弹匣
射程：60米（196英尺）	

▲ **司登Mk I冲锋枪**

1941年8月配属于东线大本营第61步兵师，该师当时在科尔切斯特地区

该冲锋枪是英军为弥补早期火力不足的应急设计产物。其粗糙的金属枪托、32发容弹量的左侧装填式弹仓非常易于辨认。该型冲锋枪的产量约只有10万支，此后，工厂就转产司登Mk II型冲锋枪去了。

尔诺公司（Brno）和生产商恩菲尔德兵工厂（Enfield）的前两个字母组成。该机枪采用20、30或100发容弹量的弹匣供弹，因此其射速较低，约为500发/分钟。但实践证明，这是一种十分耐用的武器，时至今日仍在现役部队中服役。

英军二战初期所使用的首款冲锋枪是9毫米口径的兰开斯特9毫米（0.35英寸）冲锋枪，它几乎可以算是德制贝格曼MP18冲锋枪的翻版。由于兰开斯特冲锋枪的结构过于复杂、不能大批量生产，英军购进了一些美制汤普森冲锋枪。1941年，英国制造出了司登冲锋枪。“司登”的名字来源于其两位设计师的姓名首字母的组合，即：谢菲尔德（Sheffield）和特平（Turpin），此外还加上恩菲尔德轻武器兵工厂的字头“en”。司登冲锋枪发射的也是9毫米（0.35英寸）口径弹药，它采用容弹量32发的弹匣供弹。

▲ **兰开斯特Mk I冲锋枪**

1941年7月配属于皇家海军

该枪是德制MP28冲锋枪的仿制版，其很多部件可与李恩菲尔德步枪通用；但这种构造却使得其生产耗时过长且造价昂贵。其首批装备的部队为皇家海军。

技术参数

制造国：英国	全长：850毫米（33.5英寸）
年份：1941	枪管长：203毫米（8英寸）
射速：600发/分钟	枪口初速：380米/秒（1247英尺/秒）
口径：9毫米（0.35英寸）	供弹方式：50发弹匣
重量：4.34千克（9.56磅）	射程：70米（230英尺）
工作方式：反冲式	

技术参数

制造国：英国	全长：1185毫米（46.75英寸）
年份：1940	枪管长：558毫米（22英寸）
射速：600发/分钟	枪口初速：730米/秒（2300英尺/秒）
口径：7.7毫米（0.303英寸）	供弹方式：30发弹匣
工作方式：导气式，气冷	射程：2000米（6560英尺）以上
重量：9.75千克（20.5磅）	

▲ **贝莎Mk II机枪**

配属于英国陆军，并未部署过

贝莎Mk II型轻机枪原计划用来补充英国陆军中布伦机枪的缺额。它被采用可以发射与布伦机枪同款弹药并使用同款弹匣的设计，其区别仅仅在于该机枪更易于制造。随着战争的进展，似无大量制造贝莎轻机枪的必要。

特别行动：在敌方战线之后 1941–1945

英美情报机构支持由抵抗组织发起的隐秘行动；他们自己也开展秘密行动。德国人则展开偷袭和经过伪装的各种活动。

当深绿色的梅赛德斯敞篷轿车载着时年37岁的时任波西米亚和摩拉维亚保护国保护者的莱因哈德·海德里希（1902–1942）和党卫军全国领袖、总指挥官海因里希·希姆莱（1900–1945）在布拉格城区游逛时，在一个急转弯处，轿车司机猛然挂上了二档。这时，一个穿着毫不起眼的平民服装的“路人”突然从自己的大衣下面掏出一挺司登冲锋枪并瞄准海德里希。虽然他扣动了扳机，却什么也没有发生。司登冲锋枪在这个时候正好卡壳了。

这位行刺者的同伴向汽车扔过去两只手榴弹，导致海德里希严重受伤且随后死在了捷克的某家医院中。这些刺杀者是捷克人，他们在苏格兰接受训练并由英国情报机构提供武器装备。约瑟夫·加布奇克（1912–1942）和让·库比斯（1913–1942）负责执行暗杀海德里希的“人猿行动”。他们被空投伞降进入纳粹占领下的捷克斯洛伐克，刚一落地就跟当地的抵抗组织网络联系上了，由当地抵抗组织为这次秘密行动提供便利掩护。当然，司登冲锋枪临时出状况之后，作为补救措施的备用计划

▲ **司登在行动**

某位法国抵抗组织战士手持一支司登Mk II冲锋枪摆好姿势在照相，时间是1944年8月解放巴黎战役期间。由于司登冲锋枪便于组装且操作简便，它被广泛散发给了全欧洲的很多抵抗战士。

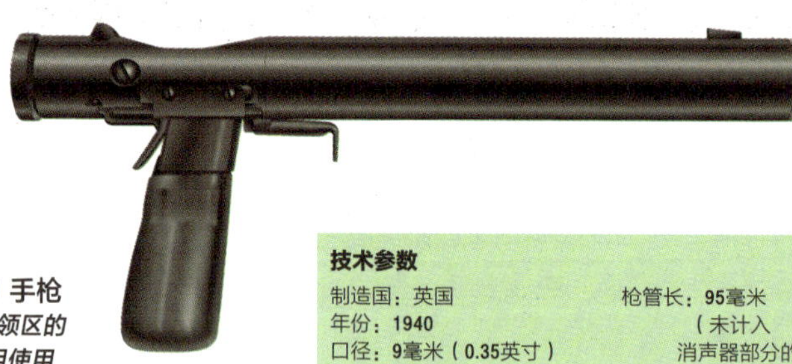

▲ **威尔罗德（Welrod）手枪**

1943年配发给位于法国被占领区的英国特别行动处S02行动小组使用

威尔罗德刺杀专用手枪是一种近距离高精度武器，配备有整体式的消声器。虽然该手枪包含了一个8发容弹量的弹仓，再装填动作却依然是手动而非自动完成的，所以其使用者每次只能发射一枪。

技术参数

制造国：英国
年份：1940
口径：9毫米（0.35英寸）或8.1毫米（0.32英寸）
工作方式：旋栓式枪机
全长：310毫米（12英寸）
重量：1.090千克（2.4磅）
枪管长：95毫米（未计入消声器部分的长度）
枪口初速：未知
供弹方式：6发 或8发弹匣
射程：20米（65英尺）

取得了成功，杀死了海德里希。这导致了德国对捷克平民的血腥报复行动，利迪策村被完全摧毁，其居民被全部屠杀。加布奇克和库比斯先是被关在一座教堂的地牢里经受折磨，后来最终遭到杀害。

在特别秘密行动中，实际需求是催生发明的通常缘由。在二战期间，新发明的各种极富创意性的武器被发给了身处欧洲各地的抵抗战士和间谍。正如加布奇克和库比斯一样，那些自愿参加这种危险行动的人都已经意识到：他们很可能不会活着完成任务。即便如此，愿意参加这种行动的间谍还是被用来暗杀地方军政要员，而且还为这些间谍研发了专门的武器。这些武器中有一部分是很易于隐藏或者拆分运输的。

震惊与悄无声息

为秘密行动所研发的那些武器中，最具创意的是威尔罗德暗杀专用手枪。它是一种9毫米（0.35英寸）或8.1毫米（0.32英寸）口径手动再装填旋转后拉枪机手枪。它还内置了整体式的消声器和一个6或8发容弹量的弹匣。该手枪由英国特别行动处研发，专为近距离且只有一次暗杀机会的行动研制。从弹匣中进行上膛的动作较慢，而且间谍们似乎也只可能射出一枪而已。第二发子弹上膛的过程中，枪管后端的一个盖子会被旋开并被向后拉，子弹被顶起后，盖子向前复位。再装填的工作则只能通过拆掉整个握柄才能完成。

在美国，11.43毫米（0.45英寸）口径的滑膛“解放者”M1942手枪被生产出来以便装备抵抗战士。美国情报人员所提供的理

解放者M1942手枪

1944年配发给位于里昂的法国抵抗组织反纳粹游击队使用

该枪造价低廉且往往被空投给位于纳粹占领区的欧洲抵抗战士使用。其设计用途是执行近距离射杀任务。该枪操作困难，清理发射后遗留的弹壳和残余物则需要用到榫钉或通条。

技术参数

制造国：美国	枪管长：102毫米（4英寸）
年份：1942	枪口初速：250米/秒（820英尺/秒）
口径：11.43毫米（0.45英寸）	工作方式：手动式
全长：141毫米（5.55英寸）	供弹方式：单发上弹
重量：0.454千克（1磅）	射程：8米（26.2英尺）

司登Mk II“微声司登”

1943年配发给位于法国被占领区的英国特别行动处S02行动小组使用

“微声司登”是英制司登冲锋枪的一种改型，加装了减震器以减轻该枪发射时的噪声。发射10发子弹后，消音器的效能会大大降低。

技术参数

制造国：英国	枪管长：196毫米（7.7英寸）
年份：1942	枪口初速：380米/秒（1247英尺/秒）
口径：9毫米（0.35英寸）	工作方式：自由枪机
全长：762毫米（30英寸）	供弹方式：32发弹匣
重量：2.95千克（6.5磅）	
射程：70米（230英尺）	

由是，可大量制造的一款粗制滥造的廉价手枪能够快速被送到欧洲抵抗战士手中，而“解放者”手枪正是由冲压零件制造出来这样一种手枪。尽管其弹仓容弹量只有1发子弹，随枪包装在一起的却仍然有10发子弹。只有在使用了合适的手段之后，该枪才能重新装填。例如，为了能再次装弹，可使用一根通条把弹仓中用过的弹壳捅出来。“解放者”手枪的击发动作采用的是一片待发钢片，钢片后拉即可待发；把钢片拨到一边即可重新上弹并退出已击发的上一发弹药遗留的弹壳。特别行动执行处还研发了一种微声版的司登Mk II冲锋枪供其特工使用。而原版司登冲锋枪则被广泛发放到了欧洲抵抗战士手中。静默版司登冲锋枪与原版司登别无二致，只在枪口部分有所区别。其枪口射击声响得到了抑制。微声版司登冲锋枪只在其射击前10枪时效果较好。随着其32发容弹量的弹仓逐渐排空，枪管中的积碳越来越多，其射击声也因此逐渐变大。

M3A1是M3冲锋枪的改进版，俗称“黄油枪”。如同M3冲锋枪一样，M3A1冲锋枪造价也很低廉。然而，直到1944年12月，这款冲锋枪才被批准投产并于二战行将结束的那几个月才发给少数美军部队使用。美国战略情报局要求对M3A1冲锋枪进行改装，想给它加装一只内置整体式消声器。该消声器由贝尔实验室设计，美国战略情报局总共订购了约1000支该改型M3A1冲锋枪。贝尔实验室设计的这种消声器的有效性远逊于“微声司登”所使用的消声器的效能。M3A1冲锋枪的射速可达450发/分钟，但其较低的枪口初速削弱了其停止作用力。

另外还有一款特别用于刺杀或远距离击杀的消声武器——德利尔卡宾枪。该枪是20世纪40年代初研制的，它于1943年开始服役。设计师威廉·德利尔以李恩菲尔德弹匣式短步枪为基础研制出了这款卡宾枪。他改动了李恩菲尔德步枪的机匣以便能够容纳11.43毫米（0.45英寸）的弹药、用修改过的汤普森冲锋枪枪管换掉了原装的李恩菲尔德枪管、把弹匣换成了M1911手枪的弹匣。与其他同时代的消声武器不同的是，德利尔单发旋转后拉枪机步枪发出的声音特别小。单发击发的特征被认为要优于半自动式动作原理。半自动机构发出的声音可能惊动守卫或者是敌方人员，而安静是取得刺杀行动成功的必要条件。该步枪产量十分有限，从1943年到1945年间，其总产量只有129支。其中的大多数都在英国别动队手中。

▲“联合防御”（United Defense）M42冲锋枪

配发给美军美国战略情报局

该枪械是一种潜在的可替换汤普森冲锋枪的选择，其质量很高。M42的射速可达900发/分钟。美国战略情报局采购这款枪用来发给抵抗行动和秘密行动部队使用。自1942年至1945年间，其总产量约为15000支。

技术参数

制造国：美国	枪管长：279毫米（11英寸）
年份：1942	枪口初速：335.3米/秒（1100英尺/秒）
口径：11.43毫米（0.45英寸，使用M1911手枪弹）	工作方式：自由枪机式
全长：820毫米（32.3英寸）	供弹方式：25发弹匣或50发弹鼓
重量：4.1千克（10磅）	射速：900发/分钟
	射程：120米（394英尺）

▲ 德利尔步枪

1945年4月配属于英国陆军第3别动队，当时该别动队正要执行破坏位于德国奥斯纳布吕克地区的V2导弹设施的特别任务

该步枪综合了Mk Ⅲ短弹仓式李恩菲尔德步枪、M1911手枪和汤普森冲锋枪的因素。其原本的设计意图是用作狙击步枪。该枪服役量较少，主要配发给别动队使用。其消声器的效果很好。

技术参数

制造国：英国	枪管长：210毫米（8.26英寸）
年份：1943	口径：11.43毫米（0.45英寸，使用0.45英寸口径柯尔特自动手枪弹）
枪口初速：260米/秒（853英尺/秒）	工作方式：旋转后拉枪机
全长：960毫米（37.79英寸）	供弹方式：7发容弹量可拆卸式弹匣
重量：3.7千克（8.15磅）	射程：400米（1312英尺）

北非：英军和英联邦部队 1940–1943

盟军和德国人在北非数千公里长的干燥不毛之地的战线上为了争夺在非洲大陆的优势地位而展开了拉锯战。英军和英联邦各国部队一道为赢得最后的胜利而英勇作战，打击那些轴心国对手。

尽管一直遭到补给和人力不足的困扰，在战争早期，英军英联邦各国军队在沙漠里还是取得了对意大利敌军的显著的胜利。1940年末，尽管己方兵力与意大利军队兵力之比为1∶10，阿奇博尔德·珀西瓦尔·韦维尔爵士兼将军（1883–1950）还是下令发动进攻。“罗盘行动”原本只是一场计划进行5天的、针对意军基地的突袭行动；实际上它演变成了一场持续两个月之久的、属于英联邦的一系列胜利。在理查德·奥康纳中将（1889–1981）的率领下，3.1万名士兵、275辆坦克和120门野战炮成功突破意大利防线，开始追歼敌军。

在为期8周的战斗中，奥康纳所部（主要由第7装甲师和第4印度步兵师构成）共击毙3000意大利军队并俘虏了11.5万人、缴获了400辆坦克和近1300门火炮。“罗盘行动”中最为辉煌的胜利发生在贝达富姆，该地正好位于利比亚主要城市班加西以南。意大利第10集团军残余部队被从中切断并被迫投降。奥康纳请求英军统帅部拨给他进攻利比亚首都的黎波里所需的物资，但此时韦维尔的注意力已经转到了防守希腊本土和克里特岛上去了。这种注意力的转移主要是出于遵从英国首相丘吉尔的命令所致。

轴心国在贝达富姆（Beda Fomm）地区惨败之后仅仅数天，德国非洲军团的先头部队和后来被虚夸成“非洲坦克集团军”的德国意大利联军共两个师在的黎波里登陆，时任少将的隆美尔（1891–1944）随即策划了一次壮观的扭转霉运的行动：他迫使英军向后退却很远的距离并最终逃到了埃及边界以东。隆美尔唯一一次重大失利在于他未能占领利比亚港口托卜鲁克。该港口在1941年春季主要由澳大利亚第9师负责防御，他们的防御非常顽强，在被德军围困并坚守了240天之后，澳大利亚第9师被参与“十字军行动”的其他部队解围而出。隆美尔受到补给不足的困扰，德军运输线的距离太过遥远，而且其海运和陆运行动一直遭到盟军的袭扰。

1941年澳新军团步兵营编制	
单位	人数
营部	
团级急救站	1
指挥部连队	1
信号排	1
防空排	1
迫击炮排	1
前锋排	1
管理排	1
运输排	1
步兵连	4
步兵连连部	
步兵排	3
步兵排指挥部	
步兵班	3
反坦克步枪	2
50毫米（2英寸）迫击炮	1
步兵班	
布伦轻机枪	1
汤普森冲锋枪	1

隆美尔在他发动的第二次北非攻势中，曾在1942年6月间真正的占领过托卜鲁克。到这个时候，他已经获得了“沙漠之狐”的盛名。此刻，他威胁着埃及首都开罗、亚历山大港和苏伊士运河的安全，这些地方是英联邦为在中东作战的部队提供补给的生命线。1942年10月，轴心国势力范围达到极盛。此后，得到新增援的英军第8集团军在伯纳德·蒙哥马利中将（1887–1976）的率领下攻击了阿拉曼，迫使隆美尔向西撤退。阿拉曼被认为是北非沙漠战的转折点，也是盟军二战中最伟大的胜利之一。

与此同时，盟军从西面进攻北非的“火炬行动”于1942年11月8日正式开始。盟军当日在卡萨布兰卡、奥兰和阿尔及尔登陆。隆美尔被迫两线作战，由此就注定了轴心国在北非的这些部队的命运。希特勒把隆美尔从非洲召回了柏林。其余滞留在突尼斯的30万轴心国部队向盟军投降。

1941年时的澳大利亚步兵步枪班

部署在北非沙漠里的澳大利亚军队在北非战场上的头两年中承担了显著的重大责任：与埃尔温·隆美尔的非洲坦克集团军作战。澳洲步兵步枪班的编成情况与其他英联邦国家的编制相似，下辖1个步枪小组和1个机枪小组。在步枪小组中，一般装备有1支自动武器（通常是汤普森冲锋枪，由步兵班的班长使用）；班长还得到了8名装备着李恩菲尔德弹匣式短步枪Mk III的步枪手的支援。机枪小组则装备有1挺布伦轻机枪，组中另有两名步枪手。

步枪分组
（1名班长，下辖6名步枪手）：配备汤普森冲锋枪1支，李恩菲尔德弹匣式短步枪6支

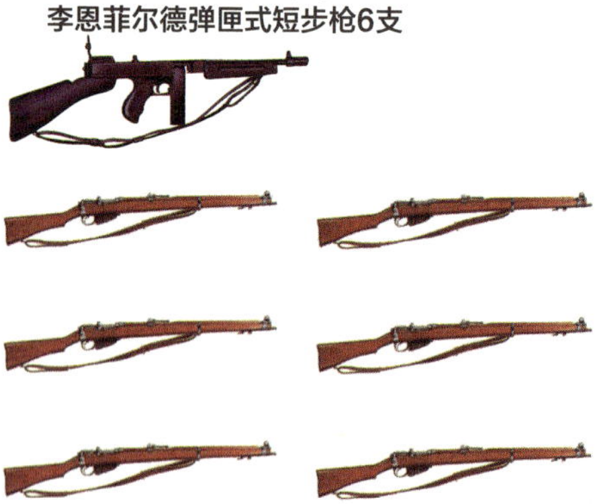

机枪分组
（一等兵1人，装填手1人，机枪手1人）：李恩菲尔德弹匣式短步枪2支，布伦轻机枪1挺

沙漠战争中的武器

在北非沙漠中与德国和意大利军队作战的英军和英联邦各国部队来自于大英帝国的各个地方，尤其是澳大利亚、新西兰和印度。步枪手们装备的是Mk III型短弹仓式李恩菲尔德步枪。这款步枪是英国陆军和英联邦各国部队的主要步枪，其装备时间长达半世纪之久。沙漠中，单兵们携带的个人用的各种自动武器之中，包括了司登Mk II冲锋枪。二战中，该冲锋枪的总产量接近200万支。司登冲锋枪的全枪总零件数只有47个，且全部为冲压件；这些零件随后被快速焊接或组装在一起。全枪中，需要进行机加工的部件只有枪管和枪机。该冲锋枪发射的是9毫米（0.35英寸）弹药。司登冲锋枪采用侧插式的32发容弹量弹仓供弹，可使用缴获的德国弹药。在沙漠的严苛环境下，该枪可快速拆卸并进行清理，但有时它也较容易卡壳。

汤普森冲锋枪是由美国发明家约翰·T·汤普森（1860–1940）于1919年发明的。其设计思想是，在目睹了一战的大量血腥杀戮之后，汤普森试图发明出一种能够打破堑壕战僵局的武器。他表示，这种预想中的武器应该有能力提供“把士兵们从战壕里清扫出来”的火力。因此，该冲锋枪诸多诨名中就有那么一个叫“战壕扫帚”。汤普森冲锋枪并未在战场上赢得其最为辉煌的荣誉，反而是在20世纪二三十年代实行禁酒令的美国名声大震。汤普森冲锋枪变成了警方

技术参数

制造国：英国	全长：1133毫米（44.6英寸）
年份：1907	枪管长：640毫米（25.2英寸）
口径：7.7毫米（0.303英寸）	枪口初速：634米/秒（2080英尺/秒）
工作方式：旋转后拉枪机	供弹方式：10发容弹量固定弹匣，使用5发桥夹装填）
重量：3.93千克（8.625磅）	
射程：500米（1640英尺）	

▲ **李恩菲尔德弹匣式短步枪Mk III型**

1941年6月配属于参加“战斧行动”的英军第8集团军第7后援兵团第1皇家步枪军

李恩菲尔德弹匣式短步枪Mk III成了英联邦军队在二战中的主要步兵武器。这种旋转后拉枪机步枪是服役至20世纪50年代的诸多武器中的一款，其特殊改型至今仍在服役。

▲ **汤普森M1冲锋枪**

1942年11月配属于参加“阿拉曼战役”的英军第8集团军第6达勒姆轻步兵营

美制汤普森冲锋枪在“北非战争”早期就被配发给了参战的英军和英联邦国家军队。后来，其缺额由司登Mk II冲锋枪补充。

技术参数

制造国：美国	全长：813毫米（32英寸）
年份：1942	枪管长：267毫米（10.5英寸）
枪口初速：280米/秒（920英尺/秒）	口径：11.43毫米（0.45英寸，使用M1911手枪弹）
工作方式：半自由枪机式	供弹方式：20或30发容弹量弹匣
重量：4.74千克（10.45磅，为装弹时全重）	射程：120米（394英尺）

和有组织犯罪集团之间对战的标志，双方都使用这种武器。该冲锋枪使用的是11.43毫米（0.45英寸）弹药，其动作原理为半自由枪机式；它独有布利斯（Blish，又译布利什）式延迟开锁结构。该结构由美国海军军官约翰·贝尔·布利斯（1860–1921）发明。汤普森采用20或30发容弹量的弹匣来进行供弹，它也可使用50或100发容弹量的弹鼓供弹。

汤普森冲锋枪于1938年列装美国陆军部队并通过《租借法案》的形式提供给英军和英联邦各国部队。有很多汤普森冲锋枪被发给了英国和加拿大的“别动队”。随着战争的继续进行，英国制造的司登冲锋枪和澳大利亚制造的欧文冲锋枪开始大量出现在战场上。欧文冲锋枪的官方名称是欧文（机）卡宾枪。作为维克斯机枪补充的是较为轻型但火力强大的维克斯–贝蒂埃机枪。维克斯–贝蒂埃机枪总重为11.1千克（24.4磅），使用的是7.7毫米（0.303英寸）口径弹药。该机枪基于法国的一款一战时期的设计，但却在英国进行许可证生产以取代刘易斯轻机枪。英属印度陆军于1932年列装了维克斯–贝蒂埃机枪，而与此同时英军自己却选择了著名的布伦轻机枪。维克斯–贝蒂埃机枪在沙漠地带很受欢迎，其射速为450–600发/分钟。但是该机枪却比布伦机枪重了约1千克（2.2磅）而且便携性也更差。因此，尽管维克斯–贝蒂埃机枪的设计更为简单，英军还是选择了布伦机枪。

▲ 司登Mk II冲锋枪

1942年5月配属于正在托卜鲁克地区作战的南非第2步兵师第2步兵旅

该枪的零件总数只有47个，其大部分零件都是冲压件。这些零件被快速组装起来然后提供给英联邦各国的部队使用。由于司登Mk II 冲锋枪火力足够且拆卸方便，这使得它变得流行起来。

技术参数

制造国：英国	枪管长：196毫米（7.7英寸）
年份：1942	枪口初速：380米/秒（1247英尺/秒）
口径：9毫米（0.35英寸）	供弹方式：32发容弹量可拆卸式弹匣
工作方式：自由枪机式	射速：500发/分钟
全长：762毫米（30英寸）	射程：70米（230英尺）
重量：2.95千克（6.5磅）	

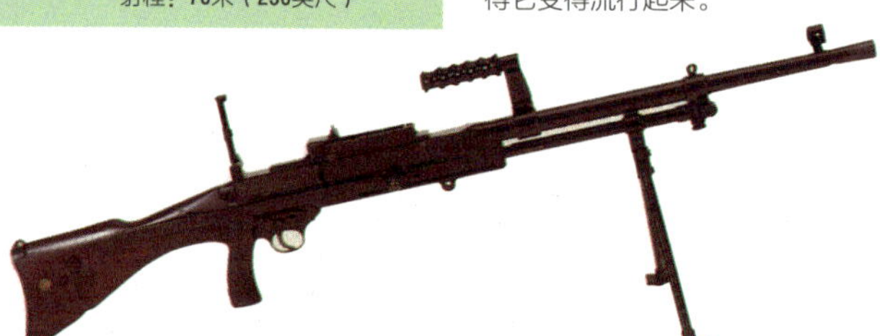

▲ 维克斯–贝蒂埃机枪

1940年配属于正在埃及作战的西部沙漠远征军英属印度陆军第6拉杰普塔纳步兵团①

维克斯-贝蒂埃机枪的设计源自于一款一战时期的法国设计。该枪于1932年列装英属印度陆军部队。它比布伦机枪要重而且作战效率较低。

技术参数

制造国：英国	枪管长：600毫米（23.6英寸）
年份：1932	枪口初速：745米/秒（2450英尺/秒）
口径：7.7毫米（0.303英寸）	供弹方式：30发容弹量弹匣
工作方式：导气式	全长：1156毫米（45.5英寸）
重量：11.1千克（24.4磅）	
射程：550米（1805英尺）	

① 该地现在大部分属于拉贾斯坦邦。

◀ **散兵坑**

1942年，这些澳大利亚部队正呆在位于利比亚沙漠（即西部沙漠）的散兵坑中。他们都配备了李恩菲尔德弹匣式短步枪Mk III型，枪上都装好了刺刀。

▲ **布伦Mk II机枪**

1942年11月配属于位于北非阿拉曼的英军第8集团军第51高地师

尽管该型轻机枪的精度良好，但是其弹匣容量有限，这使得火力的持续性成了一个问题。特别是，这种不可持续性在需要压制火力的时候表现得尤其明显。然而，布伦轻机枪是英军在二战中战术原则的关键所在。每个英军士兵都需要了解如何操作他们各自所属的步兵班里的布伦机枪。

技术参数

制造国：英国	枪管长：625毫米（25英寸）
年份：1941	枪口初速：730米/秒（2400英尺/秒）
口径：7.7毫米（0.303英寸）	供弹方式：30发容弹量弹匣
工作方式：导气式	射速：500发/分钟
全长：1150毫米（45.25英寸）	射程：1000米（3280英尺）
重量：10.25千克（22.5磅）	

维克斯Mk I中型机枪与相对较轻的维克斯-贝蒂埃机枪使用同一种7.7毫米（0.303英寸）口径弹药。但是维克斯Mk I为水冷式，其重量约为18千克（40磅），显然比维克斯-贝蒂埃更重。每挺维克斯Mk I型机枪需要配备6名士兵才能作战。维克斯机枪是个“一战老兵”，其设计基于脆弱的马克沁式设计方案。尽管英国统帅部曾有计划要在两次世界大战之间的间歇期内将其替换掉，但这一方案并未完成。维克斯机枪在整个二战中一直在役并且一直服役至20世纪60年代末。

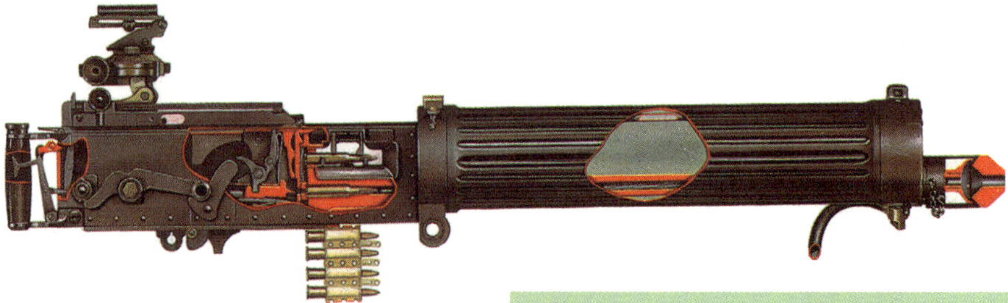

▲ **维克斯Mk I型机枪**

1943年3月配属于在突尼斯的英军第8集团军第10装甲师第5皇家苏塞克斯团

这款脆弱的维克斯Mk I型机枪源于老式马克沁的蓝本，它在一战期间也曾服役过。该机枪和其他轻型机枪以及李恩菲尔德Mk III型步枪一样，使用的都是同一种7.7毫米（0.303英寸）口径的子弹。

技术参数

制造国：英国
年份：1912
口径：7.7毫米（0.303英寸）
工作方式：枪管短后座式
全长：1155毫米（45.5英寸）①
重量：18千克（40磅）
射速：600发/分钟
枪管长：725毫米（28.5英寸）
枪口初速：600米/秒（1970英尺/秒）
供弹方式：弹链供弹
射程：2000米（6560英尺）以上；后期型为3000米（9842英尺）

意大利陆军 1940–1943

虽然意大利军队的序列中确实有些精锐部队，譬如那些在沙漠中奋勇作战的轻步兵神枪手（团）。但是意大利陆军在早期的沙漠作战中远逊于其对手，而且他们还依赖于德国盟友的支援和领导。

意大利第10集团军在“罗盘行动”中惨败之后，墨索里尼仍还在向北非派出增援。而当时任少将的埃尔温·隆美尔（1891–1944）带着他的德军非洲军团抵达利比亚时，德国人在名义上归更高级的意大利人领导。意大利军队在二战中的表现，尤其是意大利人在北非的表现往往被历史学家恶意中伤。意大利人遭受了明显的缺乏领导、缺乏控制之苦，他们也被实战证明对大规模军事行动缺乏经验。

步兵和装甲部队一般装备的是意大利制造的武器，其中有很多武器的质量饱受批评。这些批评中，有的事出有因，有的则很不公平。二战中，意大利部队大量使用了“91式步枪”及其各种改进型号。其中M1891步枪也是曾参加过一战的老旧型号，它配有一个6发容弹量的整体式弹匣，该弹仓则由整体式的桥夹装填。该步枪于1892年列装意大利陆军并服役。这种步枪的初始口径为6.5毫米（0.256英寸），使用无缘弹②。

然而，20世纪30年代意大利远征军入侵非洲期间，有报告说，这款步枪不论是在短距离上还是在远距离上的射击表现都不够好。这促使意大利政府授权研发并生产了一款新型步枪，即使用更大威力的7.35毫米（0.29英寸）弹药的M1938型步枪。其量产和供应过程中状况百出，这种情况也阻挠了

① 原文为40.5英寸，换算错误。
② 无缘弹一般适用于各类手枪，在步枪上则较为少见。无缘弹应用的典型实例就是贝格曼M1896手枪采用的“漏夹+无缘弹”组合。

意大利陆军的换装计划。意军被迫退回到继续使用6.5毫米（0.256英寸）口径弹药的老路上去了。曾经有那么一段时间，意大利陆军列装了一款M1891步枪的短管改型；但是等到了1941年，他们又换装了比这一改型更长一点的卡尔加诺M91/94步枪。卡尔加诺M91/94步枪比原始版的M1891步枪还要短那么一些。M1891步枪的这次短暂的全面回潮在某种程度上揭示出，在两次世界大战之间的间歇期内以及其后的二战期间，意大利军工行业陷于各种难产的困扰之中。

1940年至1943年期间，意大利军队的主要轻机枪是贝达M30型轻机枪[①]。虽然6.5毫米（0.256英寸）口径的贝达M30型轻机枪创造性地使用了铰链式弹匣（该弹仓在重新装填时可使用20发弹药一组的那种步枪用的弹匣），但是它在战场上的表现还是不够结实，非常容易遭到损坏，而这种损坏往往让机枪变得毫无用处。

闭膛待击，半自由枪机式工作原理的这款机枪还内含一种给每发即将发射的子弹上油的机构。而在战斗中，这种上油的过程

技术参数

制造国：意大利	枪管长：520毫米（20.5英寸）
年份：1930	枪口初速：610米/秒（2000英尺/秒）
口径：6.5毫米（0.256英寸，使用M95型弹药或其他种类的弹药）	供弹方式：20发整体式弹匣
工作方式：自由枪机式	射速：475发/分钟
全长：1230毫米（48.5英寸）	射程：1000米（3280英尺）
重量：10.2千克（22.5磅）	

▲ **贝达M30型机枪**

1940年9月配属于参加“西迪拜拉尼战役”的意大利第10集团军第63步兵师

该机枪是意大利陆军的标配型轻机枪。它在战斗中的可靠性不高，保养工作也很繁重。不管怎样，在战争期间它还是被下发给了意军部队。

▲ **91式步枪**

1940年配属于参加布奇布奇（Buq Buq）战斗的卡坦扎罗第64步兵师

长期在意军中服役的91式步枪是意军一战时期主要的步兵武器。该枪虽然在20世纪二三十年代远征非洲时表现出各种问题，但其各种改进型号依然在二战时的意大利军队中服役。

技术参数

制造国：意大利	枪管长：780毫米（30.7英寸）
年份：1891	枪口初速：630米/秒（2067英尺/秒）
口径：6.5毫米（0.256英寸）	供弹方式：6发固定弹匣
工作方式：旋转后拉枪机	全长：1285毫米（50.6英寸）
重量：3.8千克（8.375磅）	射程：500米（1640英尺）

① 意大利语Fucile Mitragliatore Breda Modello 30的直译为“机枪弹燧发型载具贝达30型”，有人将之译为“布雷达机枪”，这实际上是把它与荷兰城市布雷达混淆的结果。

有时会过早地“热诱导击发”一发子弹。该机枪是由贝达公司制造的，而且其表现被认为不如同时代其他国家军队装备的轻机枪。这主要是由于：该型机枪的射速较低，仅为475发/分钟；容弹量较少；缺乏辅助枪管更换的手柄；易卡壳、易损坏。早期，分发给意大利步兵连的机枪还很不够，平均每两个分队（班）才能分到一挺机枪。这导致了每个连最多只有8挺M30型机枪，因此这种配置密度在某种程度上来说是很不够的。后来，连级机枪的配备密度提高到了每个分队1挺机枪。

冲锋枪

意大利部队列装了两种冲锋枪，即维拉尔–佩罗萨OVP M1918冲锋枪和莫谢托自动型贝雷塔MAB38冲锋枪。其中，前者是于一战期间发明的，它是早前的一种双管M1915快枪的改进型号。M1918冲锋枪使用的是9毫米（0.35英寸）弹药，射速可达惊人的900发/分钟。该冲锋枪采用顶置式的25发容弹量的弹匣。为了能在持续战斗中保持该冲锋枪的稳定性，该枪加装了一块步枪形枪托。

MAB38冲锋枪是一种口径为9毫米

技术参数

制造国：意大利	枪管长：未知
年份：1915	枪口初速：301.82米/秒（990英尺/秒）
口径：9毫米（0.35英寸）	供弹方式：25发容弹量可拆卸式弹匣
工作方式：自由枪机式	
重量：3.62千克（8磅）	
射程：70米（230英尺）	全长：901.69毫米（35.5英寸）

▲ **维拉尔–佩罗萨OPV M1918步枪**
1941年1月配属于正在利比亚拜尔迪耶作战的“三月二十三日法西斯党黑衫队第1师”
它是早前的一种双管M1915快枪的改进型号。其射速高达900发/分钟，该武器于一战末开始列装并服役，而且直至20多年后仍在使用。

技术参数

制造国：意大利	枪管长：198毫米（7.79英寸）
年份：1938	枪口初速：395米/秒（1295英尺/秒）
口径：9毫米（0.35英寸）	供弹方式：10、20或40发容弹量可拆卸式弹匣
工作方式：自由枪机式	
重量：2.72千克（6磅）	
射程：70米（230英尺）	全长：798毫米（31.4英寸）

▲ **MAB38冲锋枪**
1942年5月配属于参加“加查拉战役”的意大利陆军第132“公羊”装甲师
坚固的MAB38冲锋枪非常成功。它一开始只配发给精锐部队，其质量比盟军和德国人的同类武器都要更好。该武器拥有两根独立的扳机，既可以采用半自动发射模式，也可以采用全自动发射模式。

阿尔卑斯山上的瞄准训练

某意大利山地部队士兵正手持一支贝雷塔M1934型手枪在阿尔卑斯山上进行瞄准训练。虽然它发射的9毫米（0.35英寸）口径短药筒手枪弹威力较低，但这种手枪十分可靠。

（0.35英寸）的冲锋枪，由位于布雷西亚省加尔多内瓦尔特龙皮亚地区的贝雷塔工厂负责生产。它发射的弹药与贝雷塔手枪所使用的弹药是同一种型号。MAB38冲锋枪的最大射速可达500发/分钟，可使用10、20或40发容弹量的可拆卸式弹匣供弹。这种气动式冲锋枪配备了双扳机，因此既能以半自动模式发射，也能以全自动模式发射。这种枪一直以来产量有限，直到1943年为止，还只主要配发给精锐空降部队和宪兵队以及一些部署在非洲的军团。这款冲锋枪被认为是一种可畏的武器，在战场上碰见MAB38冲锋枪的盟军士兵也经常搜寻、收藏这款冲锋枪。随着战争的进程的推进，在1943年后这款冲锋枪终于开始被配发给与盟军作战的意大利部队使用。

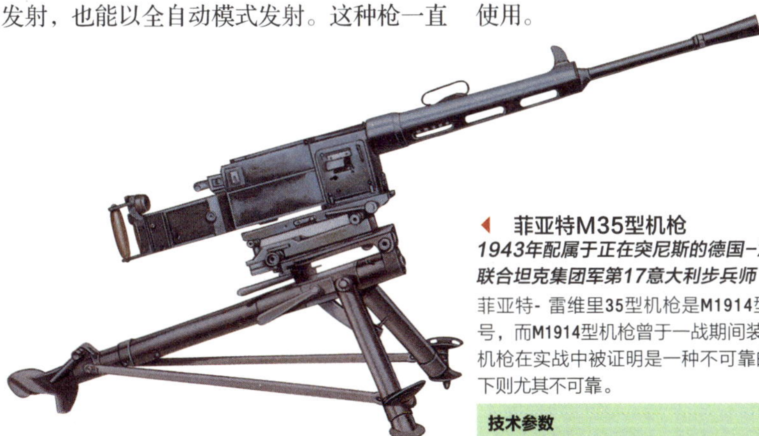

菲亚特M35型机枪

1943年配属于正在突尼斯的德国-意大利联合坦克集团军第17意大利步兵师“帕维亚师”

菲亚特-雷维里35型机枪是M1914型机枪的一款改进型号，而M1914型机枪曾于一战期间装备意大利陆军。M35机枪在实战中被证明是一种不可靠的武器，在沙漠条件下则尤其不可靠。

技术参数

制造国：意大利	枪管长：680毫米（26.75英寸）
年份：1935	枪口初速：790米/秒（2600英尺/秒）
口径：8毫米（0.314英寸）	供弹方式：50发弹链
工作方式：导气式	射速：450发/分钟
全长：1270毫米（80英寸）	射程：2000米（6560英尺）
重量：19.5千克（43磅）	

西西里和意大利战役 1943–1945

穿越西西里与北上意大利的惨烈战斗是由分布在崇山峻岭之中的洞穴、要塞区域和城市乡村中通过轻武器展开的逐地争夺战组成的。

1943年7月初，盟军在西西里岛南端登陆。“哈士奇行动”揭开了意大利战役的序幕。意大利战役是二战中最为艰苦卓绝、最漫长的战役之一。6周内，由伯纳德·蒙哥马利爵士兼将军（1887–1976）所率领的英军第8集团军已经从西西里岛最南端向北推进并与由小乔治·S·巴顿将军（1885–1945）所率领的美军第7集团军先头部队汇合。巴顿所部是在西西里岛东部的杰拉港登陆的。他们向西北方向进军，占领了巴勒莫并把轴心国守军压缩到了以该岛东北部的墨西拿城为中心的一小圈地方。

虽然西西里岛到了8月下旬已经稳稳落在盟军手中，但是盟军的联合攻势却未能完全包围住岛上的敌军。这一缺憾使得数千支轴心国部队跨过较狭窄的墨西拿海峡逃到了意大利本土。德国和意大利联军神经紧绷，等待着盟军入侵意大利本土。

蒙哥马利的英军第8集团军于1943年9月3日开始执行“湾城行动”。他们在意大利南部登陆；而由马克·W·克拉克将军（1896–1984）率领的美军第5集团军则于9月9日在萨勒诺地区登陆。他们执行的是“雪崩计划”。英军第8集团军沿着亚得里亚海沿岸的意大利东部海岸线向北推进，代价惨重的战斗持续达15个月之久；美军第5集团军则沿着第勒尼安海沿岸的意大利西部海岸线顽强地前进。

意大利战役的标志是德军的顽强防守，而这种防守在法西斯意大利政府投降之后更是得到了进一步加强。到意大利政府投降的时候，盟军已经可以泰然自若不紧不慢地入侵意大利了。德军在意大利的中央山脊上建起了一系列长达数公里的防御战线。其中最为可畏的防线当属古斯塔夫防线。盟军试图冲破这道防线的行动最终积淀成了惨烈的卡西诺山战役，战役的高潮就是对山上的修道院的争夺战、盟军在安齐奥的两栖登陆行动以及试图快速袭取罗马城的“鹅卵石行动”。但是“鹅卵石行动”最终拖延成了绵延数月之久的僵局。

落入盟军手中的首座轴心国首都是罗马。罗马城于1944年6月4日宣告解放，两天后，盟军发动诺曼底行动，这使得意大

技术参数

制造国：德国
年份：1942
口径：7.92毫米（0.312英寸）
工作方式：导气式
重量：4.53千克（9.99磅）
枪管长：502毫米（19.76英寸）
枪口初速：761米/秒（2500英尺/秒）
供弹方式：20发容弹量可拆卸式弹匣
全长：940毫米（37英寸）
射程：400米（1312英尺）以上

▲ “42式伞兵步枪”（FG42）

1944年3月配属于参加卡西诺山战役的德军伞兵部队第1伞兵师

该枪的设计目的是为轻装的伞兵部队提供火力。FG42兼具冲锋枪和步枪的某些特点，可以被看作一种早期的突击步枪。

柯尔特M1911A1军用产量数据	
年份	总产量
1924-1939	17281
1940	4695
1941	34756
1942	100266
1943	752529
1944	134317
1945	136000

利战役相比之下顿失光辉，变成了一场可有可无的配戏。战斗在意大利北部继续进行直至1945年5月二战欧洲战场战斗结束时才告终止。

山地之王

少量精锐德军空降兵部队把卡西诺山修道院的瓦砾堆变成了在盟军的一再攻势下毫不动摇的一颗大钉子。他们装备的是轻型FG42伞兵步枪。该枪专为轻装部队研制，配发伞兵部队使用。该枪的首战是在1943年9月。当时，纳粹党卫军上尉奥托·斯科尔兹内（1908–1975）发动了一次试图营救墨索里尼（1882–1945）的大胆行动。墨索里尼当时被关押在阿尔卑斯山意大利一侧。

FG42的设计意图是制造出一种能够在地面上提供持续性的火力支援的武器，这种武器能表现出类似机枪火力的特点，但又兼具步枪的便携和易于操作的特性。因此，它

柯尔特M1911A1市售版产量		
序列号	年份	总量
S/N C 135000-C139999	1924	5000
S/N C 140000-144999	1925	5000
S/N C 145000-C150999	1926	6000
S/N C 151000-C151999	1927	1000
S/N C 152000-C154999	1928	3000
S/N C155000-C155999	1929	1000
S/N C156000-C158999	1930	3000
S/N C159000-C160999	1931	2000
S/N C161000-C164799	1932	3800
S/N C164800-C174599	1933	9800
S/N C174600-C177999	1934	3400
S/N C178000-C179799	1935	1800
S/N C179800-C183199	1936	3400
S/N C183200-C188699	1937	5500
S/N C188799-C189599	1938	900
S/N C189600-C198899	1939	9300
S/N C198900-C199299	1940	400
S/N C199300-C208799	1941	9500
S/N C208800-C215018	1942	6219

可能可以被归为一种早期突击步枪。该枪仅重4.2千克（9.3磅），使用的是7.92毫米（0.312英寸）口径弹药。它采用10或20发容弹量的可拆卸式弹匣供弹并可自由切换为自动或半自动的不同射击模式。FG42原被计划用来作为旋转后拉枪机的毛瑟Kar98k步枪和当时广泛使用的其他冲锋枪的补充。它由路易·斯坦格设计，交由莱茵金属公司制造。有一个棘手的问题限制了其产量。用于生产该枪枪管的锰金属供应不足。在用锰合金制

勃朗宁M1911A1

1944年3月配属于攻打安齐奥的美军第6军第3步兵师

11.43毫米（0.45英寸）口径的勃朗宁M1911A1是现代最为流行的一种轻武器。它为现代手枪的设计和服役年限都树立了一种标准。

技术参数

制造国：美国
年份：1911
口径：11.43毫米（0.45英寸）
工作方式：枪管短行程后坐作用式
重量：1.1千克（2.425磅）
射程：50米（164英尺）
枪管长：127毫米（5英寸）
枪口初速：262米/秒（860英尺/秒）
供弹方式：7发容弹量弹匣
全长：216毫米（8.5英寸）

造了约2000支FG42后，有限的锰金属供应被挪作他用而开始在FG42上用其他金属材料替代锰合金。

FG42刚刚下发到前线部队手中，他们就开始要求对其进行几项改进。其中包括了：将原本位于护手位置的两脚架移到枪口处以便于操控；将该枪的枪托由金属换成木制，以降低该武器易过热的特性；加大握柄的倾斜度，使之握持更为舒适。

当FG42处于全自动模式时，该枪所使用的全威力步枪弹使得“维持对步枪的控制和确保哪怕任何程度的精确性”这种事变得很有挑战性。其后期型号不得不将射速从900发/分钟下调至750发/分钟。枪口部分也为了减小后坐力和口焰而进行了特别的改造，但改造也使得射击所发出的声音变得更加响亮。由于造价太高，FG42在1943年至1945年间的总产量仅为7000支。

霸主勃朗宁

美军人员别在屁股后面的勃朗宁M1911A1手枪是意大利战役期间一道常见的风景。二战期间，这样的场面在全世界各地也很常见。这款坚固耐用的单动式半自动手枪使用的是11.43毫米（0.45英寸）弹药，它采用7发容弹量的可拆卸式弹匣供弹。勃朗宁因其在训练有素的人员手中所能发挥出来的巨大的停止作用（击倒目标的能力）而声誉卓著。它因此取代了其他的早期可能成为制式配发手枪的竞争者。这些竞争者中就包

▲ 勃朗宁M2HB机枪

1944年6月配属于进攻罗马的美军第5集团军第135步兵团

12.7毫米（0.50英寸）口径的勃朗宁M2HB重机枪是于20世纪30年代进入现役部队服役的老式M2机枪的一种气冷式改型。其在战场上的表现非常成功，这使它能在北约的兵工厂中继续占有一席之地。

技术参数

制造国：美国
年份：1933
工作方式：气冷、枪管短后坐
射速：450- 575发/分钟
重量：38.5千克（84磅）
枪管长：1143毫米（45英寸）
枪口初速：898米/秒（2950英尺/秒）
口径：12.7毫米（0.5英寸）
供弹方式：110发弹链
全长：1655毫米（65英寸）
射程：1800米（5905英尺）

技术参数

制造国：美国
年份：1921
口径：11.43毫米（0.45英寸，使用M1911手枪弹）
工作方式：自由枪机式
射速：800发/分钟
重量：4.88千克（10.75磅）
枪管长：266毫米（10.5英寸）
枪口初速：280米/秒（920英尺/秒）
供弹方式：20或30发弹匣；50或100发弹鼓
全长：857毫米（33.75英寸）
射程：120米（394英尺）

▲ 汤普森1921型冲锋枪

1944年1月配属于进攻马约山（Monte Majo）的第1特勤队

M1921是汤普森冲锋枪首次大量生产的版本，柯尔特为自动军械公司生产了共15000把，装有烤蓝枪管，带散热刻纹，木制前握把，当时的零售价为225美元。

括了德制卢格手枪。M1911A1成了现代史上最著名的枪械，其服役期一直延续至今（其时间早已超过了一个世纪之久）而且还广为流行。

M1911勃朗宁手枪是成果丰硕的武器设计师约翰·勃朗宁（1855–1926）的构想产物。勃朗宁所做的工作直接导致了20世纪生产量最大的枪械的诞生。勃朗宁在世时既为自家开设的武器公司工作，同时也去柯尔特、温彻斯特、雷明顿、萨维奇和比利时FN等公司工作过。尽管也有勃朗宁自动步枪（BAR）和12.7毫米（0.5英寸）M2重机枪这样的例子珠玉在前，M1911却有可能是他最广为人知的一款设计。

从1911年至1985年期间，M1911一直都是美军的标准制式佩枪。这款手枪在经历了各种严酷的测试后才被选中，它与萨维奇公司选送的另一款手枪之间的竞争尤为激烈。尽管勃朗宁手枪于1990年被新的M9手枪正式取代，它却仍在服役并在民间枪械爱好者中流行。勃朗宁正式被美国陆军接受是在1911年3月29日；美国海军和海军陆战队于两年后也步其后尘。起先，生产M1911的工作由柯尔特公司独家承担；后来由于需求量增大，隶属于美国政府的斯普林菲尔德兵工厂于一战期间接过了生产工作。

一战期间的战斗经验促成了对勃朗宁的初始设计进行一些细微的修改，修改的产物就是被命名为M1911A1的新型号。这些修改中，较为重要和主要的几项是：扳机缩短，握柄上启用新式的方格花纹，扳机后方开了两个斜面方便操作，加长握柄上的保险顶纹，加长击锤顶纹，加宽前瞄准具。二战期间有多家公司曾生产过勃朗宁M1911A1手枪，其中包括了柯尔特、雷明顿–兰德、联合道岔与信号、伊萨卡枪械和辛格尔等公司。在此期间，美军一共订购了超过190万支M1911A1。

勃朗宁机枪

勃朗宁M2 12.7毫米（0.50英寸）口径重机枪是一战时期研制的，时至今日仍在服役。自从美国陆军于20世纪20年代早期选中该重机枪以来，其总产量超过了300万挺。其改型M2HB机枪的代号“HB”指的是加重加厚型的气冷式枪管。该枪管是于1933年研

▲ **M3A1冲锋枪**

枪上加装了消声器，1944年配属于正在意大利那不勒斯–福贾执行任务的美国战略情报局第2671特别侦查营

M3A1冲锋枪是美制M3“黄油枪”的一款改进版，这款枪还可继续改进为加装消音器的新型号。美国战略情报局订购了1000支该型冲锋枪。

技术参数

制造国：美国	枪管长：203毫米（8英寸）
年份：1944	口径：9毫米/0.35英寸或11.43毫米/0.45英寸，使用0.45英寸口径的柯尔特自动手枪弹）
射速：450发/分钟	
枪口初速：275米/秒（900英尺/秒）	
工作方式：自由枪机式	供弹方式：30发容弹量的可拆卸长方形弹匣
重量：3.7千克（8.15磅）	
全长：762毫米（30英寸）	射程：50米（164英尺）

制成功的，换装这种枪管的目的是使得机枪总重减低至38.5千克（84磅），以使得该机枪更为轻巧和便于运输。老式的水冷型M2重机枪的总重则为55千克（121磅）。M2HB机枪一般被安放在三脚架上以便于步兵使用。它采用弹链供弹，射速可达635发/分钟。

勃朗宁M2机枪的各种改型被加装在了战斗机、轰炸机、坦克和其他装甲车辆以及海军舰船上。该重机枪可使用多种大口径重型弹药，实战证明这些弹药对于敌方人员、轻型车辆和飞机都很有效，可担负多种作战任务。它在美军中的服役历史之长仅次于M1911手枪，至今仍是美军和北约部队在阿富汗和伊拉克等地的主要武器之一。

▲ **司登Mk V型冲锋枪**

1944年5月配发给攻击古斯塔夫防线的英军第8集团军第8皇家燧发枪营

司登Mk V型冲锋枪于1944年下发部队，生产质量也比Mk2型要好，Mk2型是司登冲锋枪中最为常见的一种。Mk V型所做的改进包括增加了木制的握柄和底托。

技术参数

制造国：英国	年份：1944
口径：9毫米（0.35英寸）	枪管长：196毫米（7.7英寸）
工作方式：自由枪机式	枪口初速：380米/秒（1247英尺/秒）
射速：500发/分钟	供弹方式：32发可拆卸式弹匣
重量：3.86千克（8.5磅）	全长：762毫米（30英寸）
射程：70米（230英尺）	

英军：从诺曼底到莱茵河 1944-1945

从位于诺曼底地区的3处海滩登陆之后，英军和英联邦各国的军队发挥全副强大的战斗力，朝着第三帝国的边境线推进。因为遇到了第三帝国部队的完全抵抗，他们必须发挥出全部的战斗力来，因为小规模作战单位之间激战的成果往往决定了胜败之间的不同。

对那些在1944年6月6日（即登陆日D日）如暴风骤雨般冲上金滩、朱诺海滩和斯沃德海滩（又译为利剑海滩）的英军部队而言，苦涩的战斗正在前方等着他们。解放西欧将被证明是一项十分困难的任务，其顶点则是来年春天里，德国全体军队的投降。然而，在诺曼底登陆之后的那一周，德国投降这个问题看起来却还是非常值得怀疑的。

虽然德国人被人打了个出其不意，他们很快又反扑回来，组织发动反击，严重迟滞了盟军的步伐。原本盟军的计划是在登陆日当天攻占重要的交通枢纽和通讯中心城市法国卡昂。但是实际上他们花了一个多月仍未攻克此地。试图突破低地国家外围防御圈的计划最初遭到了阻滞。在7月中旬，在两场失败的行动（爱普森行动和强恩伍德行动）之后，古德伍德行动终于获得了成功，但此役中英军第8军损失了几百辆坦克。

英国陆军的士兵们依赖于他们的李恩菲尔德弹匣式短步枪、司登冲锋枪、布伦机枪所提供的火力。持续火力支援在空降作战中尤为重要。空降部队在使用降落伞或滑翔机抵达指定部署地之后，他们的任务就被特别指定为夺取和控制关键地点直至重装部队作战单位前来接替为止。由于运输能力的限制和快速转移的要求，空降部队往往配备的是最轻型的武器。

在登陆日当天，第6空降师的士兵们执行了一次几近完美的滑翔机着陆。他们的着陆地点在跨越卡昂运河（运河在利剑滩和朱诺海滩北部）的那座桥附近。仅仅几分钟时间内，他们就确保了这座桥的安全。他们的精确行动致使盟军控制了从登陆海滩到内陆的一条关键的重要路线。因此，该桥被更名为珀加索斯桥①，以纪念空降部队降落伞包上的飞马图案。

阿纳姆雄心

1944年秋，陆军元帅蒙哥马利爵士（1887–1976）策划了一次陆空联合突袭。其目标是穿越荷兰，夺得马斯河、瓦尔河和下莱茵河上的关键桥梁，以便盟军能够快速挺进并穿越德国边境进入鲁尔区，那里是第三帝国的工业心脏地带。英军第1空降师与美军第101空降师和第82空降师一道将从天而降，发起快速袭击，而由老兵组成的第30军将会在一条狭窄的公路上疾驰，尽快与伞降部队取得联系。这些老兵将接替伞降部队守住供盟军进出的走廊地带，方便盟军主力的进攻。

在这次行动中，伞降行动受到了德军的顽强抵抗和阻挠，尤其是在阿纳姆地区，那里有两个纳粹党卫军坦克师。他们是在诺曼底战场上被打残之后，退到这里进行整补和修整的。只有英军第2伞降营在约翰·D·弗罗斯特中校（1912–1993）的率领下成功抵达并占据了阿纳姆地区一座跨越莱茵河的大桥。弗罗斯特中校手下的这745名轻装伞兵并不是计划用来无限期坚守阵地的队伍。数

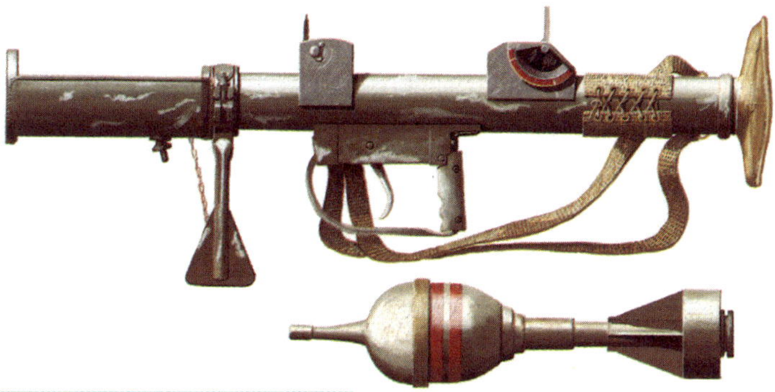

▲ **英军装备的步兵反坦克抛射筒（PIAT）**

1944年6月配发给了坚守珀伽索斯桥的英军第6空降师

步兵反坦克抛射筒于1943年进入英国陆军服现役，被用作步兵反坦克武器来使用。这种弹簧击发的发射器，其工作原理类似于超口径迫击炮的原理。弹簧撞针引发榴弹中的推进剂，榴弹战斗部内装有1.1千克（2.5磅）高爆炸药。

技术参数

制造国：英国	年份：1942
重量：14.51千克（32磅） 发射器；1.36千克（3磅）榴弹	枪口初速：76-137米/秒（250- 450英尺/秒）
	供弹/装填：前装
射程：有效战斗射程100米（328英尺）； 最大射程340米（1115英尺）	全长：990毫米（3英尺）
	口径：89毫米（3.5英寸）
	射速：550- 600发/分钟

① 意即希腊神话中的飞马。

日之后，中校先生被迫投降德军。“市场花园”行动就此宣告失败，该行动也永远以“遥远的桥”的绰号为人所知。

步兵反坦克抛射筒的潜力①

当遭遇德国装甲部队或是陷入逐屋争夺战时，英军伞兵第2营手头可用的最重型的武器就是步兵反坦克抛射筒（PIAT）了。这种武器的发射原理与超口径迫击炮如出一辙，使用一根压紧了的弹簧来推出一枚榴弹。该榴弹的前端战斗部为锥形装药，有效破甲距离为340米（1115英尺）。此武器的复装方式为前端装填。其空心锥形战斗部内装1.1千克（2.5磅）高爆炸药。

步兵反坦克抛射筒起源于19世纪末20世纪初②，到1940年时，老旧的反坦克步枪已经明显不足以应付德军装甲车辆日益增加的装甲厚度了。

米利斯·杰弗瑞斯上校（1899–1963）是将原型武器进行改造并将之与20世纪30年

▲ **可靠的步枪**

在1944年到1945年的那个冬季，英军小心翼翼地穿行在荷兰某地的一座村庄中。他们全员配备了李恩菲尔德4号短步枪Mk I型。

① 虽然名为“抛射”且形似火箭筒，但该武器实际上类似单兵反坦克炮。
② 此处作者应仅指的是其原理早已出现。

代成熟的空心装药弹药相结合，最终开发出实用型肩扛发射式步兵反坦克抛射筒的功臣。这种武器由1具发射筒、1根弹簧、1个触发开关组成，通常由2人负责维护。弹簧非常难扳动，这一点在战斗中尤其明显。

步兵反坦克抛射筒也因其巨大的后坐力而声名远扬，因此，这种武器需要配备很厚的垫肩。步兵反坦克抛射筒于1943年进入英军和其他英联邦各国军队现役，从1942年到二战结束时，其总产量达11.5万具。虽然这种武器既庞大又非常不精确，它在诺曼底的表现据估计还是不错的。德军被击毁的坦克中，大约有7%是由步兵反坦克抛射筒一击必杀的。

精良的狙击步枪

英军改进并装备了标配的司登冲锋枪和布伦轻机枪，此外，西欧英军还在二战爆发前就已经收到了配发的李恩菲尔德4号短步枪Mk I型及其狙击改型。狙击型编号为李恩菲尔德4号短步枪Mk I(T)型。随着二战的进程，对于步枪效能和实用性的要求以及对于便捷大批量生产的要求被提了出来。早在1939年，英军某些部队就收到了新发下来的李恩菲尔德4号短步枪。然而，随处可见的李恩菲尔德步枪的这一改型直到1941年才被英军正式接受。

李恩菲尔德4号短步枪与李恩菲尔德弹匣式短步枪Mk III之间很容易区分开来，因为前者的枪管比护木长出一截，也比后者要重。到1943年时，其设计得到进一步简化，枪机导轨上加刻了一个凹口以取代相对而言更加复杂的枪机释放插销[①]。这种枪机简化的步枪只在美国和加拿大生产。

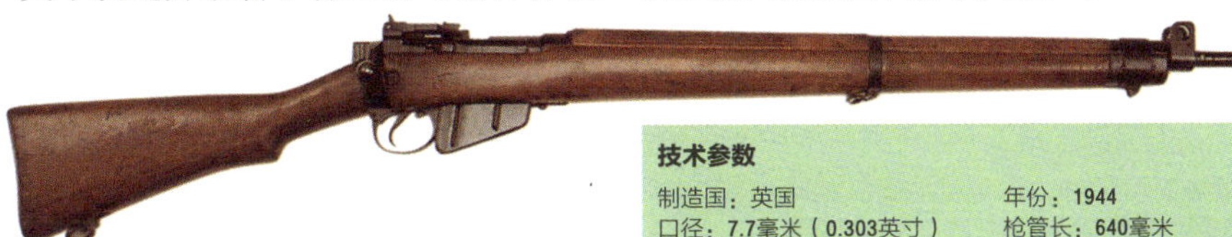

技术参数

制造国：英国
口径：7.7毫米（0.303英寸）
工作方式：旋转后拉枪机
全长：1128毫米（44.43英寸）
重量：4.11千克（9.06磅）
枪口初速：751米/秒（2464英尺/秒）
年份：1944
枪管长：640毫米（25.2英寸）
供弹方式：10发固定弹匣
射程：1000米（3280英尺）以上

▲ **李恩菲尔德4号短步枪Mk I型**

1944年7月配属于英军第7装甲师第1营下辖步枪旅

李恩菲尔德4号短步枪Mk I型步枪于1941年正式进入英军现役，比稍早前配发的标准型旋转后拉枪机李恩菲尔德步枪有所改进。

技术参数

制造国：英国
年份：1942
口径：7.7毫米（0.303英寸）
工作方式：旋转后拉枪机
全长：1128毫米（44.43英寸）
重量：4.11千克（9.06磅）
枪管长：640毫米（25.2英寸）
枪口初速：751米/秒（2464英尺/秒）
供弹方式：10发固定弹匣
射程：1000米（3280英尺）以上

▲ **李恩菲尔德4号短步枪Mk I(T)型**

1944年10月配属于加拿大军第2师皇家温尼伯第1步枪营

这是李恩菲尔德4号短步枪Mk I型步枪的一种狙击改型，装配有托腮板和狙击瞄准镜，在二战结束后的岁月里，这种武器仍然在役长达数十年之久。

① 即枪栓卡榫。

李恩菲尔德4号短步枪Mk I(T)型主体部分为精度很高的李恩菲尔德4号短步枪，其上加装了一块托腮板、一只狙击镜。这些改型配件主要是由英国人设在荷兰的工厂以及荷兰自己生产的。而有些部件被运到加拿大重新组装起来。这种狙改型在英军中一直服役至20世纪60年代。

新型冲锋枪

到1944年时，英国陆军又接受了另一种冲锋枪作为已经在役的那些司登冲锋枪的补充。斯特林Mk I型冲锋枪发射与司登冲锋枪相同的9毫米（0.35英寸）口径手枪弹，也可以通用司登冲锋枪所用的那种可拆卸式弹仓。其射速可达550发/分钟。其制造过程中的质量也比司登冲锋枪要高。司登冲锋枪由于战争的急迫性而使用了大量（占全枪零件中的大部分）的冲压部件。

斯特林冲锋枪由史特林军备公司首席设计师乔治·帕奇特的名字研制，所以也以帕奇特冲锋枪的名字为世人所知。它有半自动或全自动两种使用方式，其原理则利用的是

▲ **司登Mk II型冲锋枪**

1944年8月配属于英军第2集团军第2国王什罗普郡轻步兵营

大批量制造的司登Mk II 冲锋枪曾在二战期间装备了数千英军和英联邦军部队。其在提供火力支援方面的良好声誉却在某种程度上因为易于卡壳的毛病而褪色不少。

技术参数

制造国：英国	枪管长：196毫米（7.7英寸）
口径：9毫米（0.35英寸）	年份：1942
工作方式：自由枪机式	枪口初速：380米/秒（1247英尺/秒）
全长：762毫米（30英寸）	供弹方式：32发可拆卸式弹匣
重量：2.95千克（6.5磅）	射速：500发/分钟
射程：70米（230英尺）	

▲ **斯特林Mk I型冲锋枪**

1944年9月配属于试图空降阿纳姆的英军第1空降兵军第1空降师第2伞兵营

虽然该枪此前未经实战验证，少量的斯特林冲锋枪还是被发给了参加“市场花园”行动的空降部队使用。该枪械最终取代了著名的司登冲锋枪。

技术参数

制造国：英国	枪管长：195毫米（7.75英寸）①
年份：1944	口径：9毫米（0.35英寸）
工作方式：自由枪机式	枪口初速：395米/秒（1295英尺/秒）
全长：685毫米（27英寸）	射速：550发/分钟
重量：2.7千克（6磅）	射程：70米（230英尺）
供弹方式：32发弹匣	

① 此处换算错误，应为7.67英寸。

反冲作用方式和开放式枪机系统。在“市场花园”行动中，有些英军手里拿的就是它。此时，这种冲锋枪仅仅做完了100支规模的小型快速试用测试。实际上有人说在荷兰阿纳姆地区的战斗经验也被作为了该枪的一种测试。斯特林Mk 1型冲锋枪得到的评估结果是：它的精确度处在合理范围内，可在无保养状态下经受住长期战争的严苛考验。

战争结束后，由于司登冲锋枪过剩，换装帕奇特冲锋枪的工作步伐就放慢了。虽然如此，英国陆军还是于1953年正式列装了这种更新式的武器，而且直到20世纪80年代晚期还在普遍使用。它曾在超过40个国家的军队中服役过。

技术参数

制造国：英国	枪管长：625毫米（25英寸）
年份：1941	口径：7.7毫米（0.303英寸，使用英制弹药）
工作方式：导气式	枪口初速：730米/秒（2400英尺/秒）
全长：1150毫米（45.25英寸）	供弹方式：30发弹匣
重量：10.25千克（22.5磅）	射速：500发/分钟
射程：1000米（3280英尺）	

▲ **布伦Mk II型机枪**

1945年3月配属于参加“大学行动”的英军第2集团军第6空降旅皇家第2乌尔斯特步枪营

经过简化的布伦Mk II步兵机枪于1941年开始服役，配件包括经过改进的1具两脚架和固定式的手拉枪机柄，该枪木质部件的生产步骤也做了精简。

◀ **2号火焰喷射器**

1944年9月配属于进攻阿纳姆地区的英军第2集团军第1空降师第2伞兵营

Mk I 型火焰喷射器的2号改型被证明是最为有效的，它于1944年列装英国陆军现役部队开始服役。它因其圆形的燃料箱而为人熟知，被昵称为“救生圈”。“市场花园”行动中，英军曾在阿纳姆地区使用过这种火焰喷射器。

技术参数

制造国：英国	燃料容量：18.2升（4加仑）
年份：1943	持续喷射时间：10秒
重量：29千克（64磅）	喷射距离：27-36米（89-118英尺）

美国陆军 1944-1945

美国陆军起自于和平时期的那仅仅10万人的小队伍，最终发展成了拥有数百万作战部队的强大力量并在解放北非、意大利和西欧的过程中提供了必需的人力资源。

1943年“突尼斯凯赛林隘口战役”是美军在二战中的首次“表演”。他们小心应对饱经战争锤炼的德军士兵并获得了经验，他们最终成长为一支很有战斗力的力量，与英军和英联邦各国军队一道，成功向北推进，穿越了意大利并向东横扫欧洲。美军与苏联红军在易北河畔成功会师，1945年春，他们成功将德国拦腰截断分隔为两部分。一般意义上的二战时期美军三三制步兵师兵力约为2万人，其中包括执行专业任务的步兵，炮兵，反坦克歼击车和支援兵力。

美军步兵团下辖3个野战步兵营，每营总人数约为600-900人。他们装备了超过50挺勃朗宁M2重机枪（口径为12.7毫米/0.50英寸）和作为补充的勃朗宁7.62毫米（0.30英寸）口径轻机枪。一个典型美军步兵连人数约为200人，装备作为标配的M1伽兰德步枪或M1卡宾枪。连队配有2挺7.62毫米（0.30英寸）口径机枪，1挺12.7毫米（0.50英寸）口径机枪和15支发射7.62毫米（0.30英寸）口径弹药的勃朗宁自动步枪（BAR）。由41人构成的一个排则配有3支勃朗宁自动步枪；一个12人组成的满编小分队则有2人装备了自动武器。

那些于1944年6月6日登陆犹他海滩的美军第4步兵师的士兵其实冲滩时跑错了地方；然而该师辅助指挥官准将小西奥多·罗斯福（1887-1944）对这一问题的解决之道

诱出一名狙击手

装备了M1卡宾枪的美军步兵在1944年7月的诺曼底战役中试图吸引火力使狙击手暴露出来。

是“那就从这里开始作战吧”。第4步兵师的战士们和降落在犹他海滩后方的伞兵们取得了联系，一路杀过这些低地国家，横扫法国，闯入德国。

第1步兵师和第29步兵师的士兵们攻击了奥马哈海滩并遭遇了登陆日那天最为顽强的抵抗。有些战斗单位在霸王行动开始的头几分钟伤亡就超过70%。他们乘坐的登陆艇刚一放下登陆舱门时，就被德军机枪火力覆盖了。虽然盟军高级指挥官们曾对战局产生过长达几小时的犹豫，甚至还考虑了将部队从其不牢靠的立足点上撤回来，但是个人英雄主义的行动最终扭转了奥马哈海滩的局面。

举起步枪

在登陆日当天蹚水走上滩头的那些美军士兵都用塑料包好了他们的枪械，以防止枪支进沙或者进水。同时，他们将枪支举过头顶来避开浪花。士兵们在反坦克路障和反登陆艇障碍物后面寻求隐蔽并同时赶快打开武器上的包扎物，向德军尽可能地还击。就这样他们冲过了滩头的空旷地带。

1944年美军步兵步枪排编制

单位	军官	士兵
排指挥部	3	2
1分队	2	10
2分队	2	10
3分队	2	10
医疗救援人员	–	1
巴祖卡小组1	–	3
巴祖卡小组2	–	3
巴祖卡小组3	–	3
巴祖卡小组4	–	3
巴祖卡小组5	–	3

M1伽兰德

第二次世界大战期间，美国陆军的制式步枪是M1伽兰德步枪。这是世界上第一种列装一国现役部队服役的导气式，枪机回转闭锁半自动步枪。该枪由在加拿大出生、童年时期随家人一同移居康涅狄格州的约

美国步兵步枪小分队

1944年美军的步枪小分队能够提供强大的轻武器火力。每个小队由12人组成，配备了M1伽兰德步枪、勃朗宁自动步枪和M3冲锋枪。虽然德军在此次战争中自始至终都配备了效率极高的冲锋枪，美制伽兰德M1半自动步枪的极限射速能够达到50发/分钟，这个射击频率超过了当时在役的任何一种步枪。当时其他国家军队的步兵武器仍然是旋转后拉枪机的老式步枪。

美军小队的武器包括：1支M3“黄油枪”冲锋枪；1支勃朗宁自动步枪；10支M1伽兰德步枪。

翰·C·伽兰德（1888–1974）设计。他喜好射击运动和轻武器设计，试图发明出一种轻机枪。在他设计的机枪被美国陆军接受之后，他先是被美国国家标准局聘用，然后又做了美国陆军斯普林菲尔德兵工厂的顾问。在这一职位上时，他开始考虑设计一种半自动步枪。

在长达15年的时间里，伽兰德都在根据军队的要求完善自己的设计。早1934年时，他获得了这种设计的专利权；两年后，M1步枪开始投产。1936年，美军正式列装了该步枪并于次年正式服役。M1伽兰德步枪取代了旋转后拉枪机的春田M1903步枪并一直服役至20世纪60年代初。随后，该枪被可选射击模式的M14步枪所部分取代。

在其近30年的生产期内，共有约650万支M1伽兰德步枪被制造出来。它发射的是7.62毫米（0.30英寸）口径弹药，采用整体式8发容弹量弹夹给一个内置式弹仓上弹。其有效射程高达402米（1326英尺）。在训练有素的人手中，其每分钟可射出40–50发子弹，这一射速是二战时期各国军队制式步枪中最高的，而且远高于其余各型枪械。伽兰德步枪还有一种狙击步枪改型，即伽兰德M1C型。

在1938年至1941年这3年间，一个工程师小组集体设计出一种更加小型化也更轻便的M1卡宾枪版。由于其长度较短，该枪比较适于发给后勤支援部队、装甲部队、空降部队和某些军官使用。与伽兰德一样，该卡宾枪改型同样是气动式旋转枪机的半自动步枪。它发射的是一种0.30英寸口径的卡宾枪专用弹药，采用15或30发容弹量的可拆卸式弹匣供弹。M1卡宾枪的总产量和M1伽兰德步枪的产量基本相当，其在美军中的服役期自1942年起直至20世纪70年代中期。

“黄油枪”

二战初期，美军士兵单兵可用的自动武器有汤普森冲锋枪和勃朗宁自动步枪。到1942年，美军认为有必要用一种效费比更高、更易于制造的枪械来取代老式的汤普森冲锋枪。美国的军事观察家们认识到了德国MP40和英国司登冲锋枪的优点，责成通用汽车公司的设计师们发明出一款合适的美制武器来。

设计项目的最终结果就是M3冲锋枪，俗称“黄油枪”，也简称为“黄油”。M3及其后继者M3A1均属于11.43毫米（0.45英寸）口径开放式枪机的反冲式枪械，射速

▲ **M1卡宾枪**

1944年6月配属于在诺曼底地区作战的美军第101空降师第501伞兵团

M1卡宾枪比普通的M1伽兰德步枪要短。因此，该枪在战斗中更便于携带和部署，尤其对那些需要在密闭空间内操作武器或是确实有小型化需要的部队来说就更是如此。

技术参数

制造国：美国	工作方式：导气式
枪管长：457毫米（18英寸）	供弹方式：15或30发弹匣
年份：1942	全长：905毫米（35.7英寸）
口径：7.62毫米（0.30英寸，使用卡宾枪专用弹药）	重量：2.5千克（5.47磅）
枪口初速：595米/秒（1950英尺/秒）	射程：约300米（984英尺）

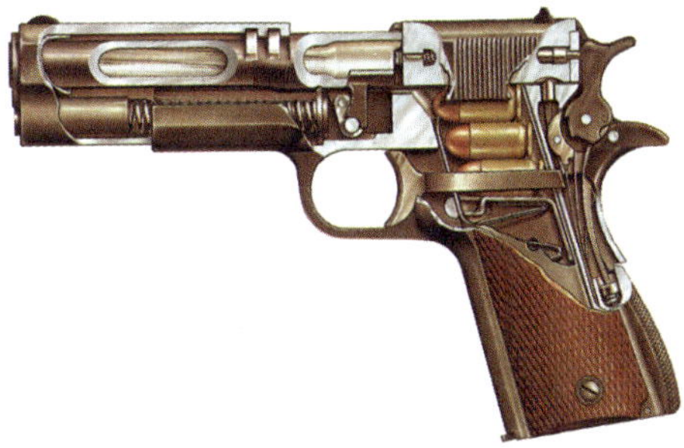

雷明顿M1911手枪

1944年8月配属于在法国夏纳开展“龙行动”的美军第7集团军第36步兵师第141步兵团

美军对M1911手枪的需求量非常大，因此有许多生产商为他们制造这款手枪。其中就有一家叫作雷明顿-兰德的公司。该公司在二战期间共制造出约90万支M1911手枪。

技术参数

制造国：美国
年份：1911
口径：11.43毫米(0.45英寸)
工作方式：枪管短后坐
重量：1.1千克（2.425磅）
枪管长：127毫米（5英寸）
枪口初速：262米/秒（860英尺/秒）
供弹方式：7发容弹量弹匣
全长：216毫米（8.5英寸）
射程：约50米（164英尺）

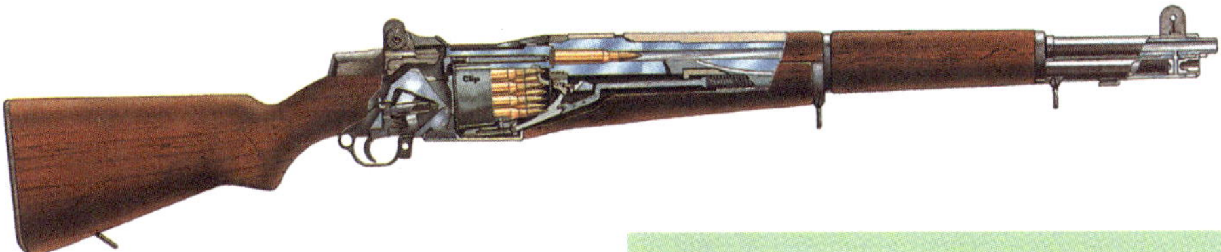

技术参数

制造国：美国
年份：1936
工作方式：导气式
供弹方式：8发内置弹仓
全长：1103毫米（43.5英寸）
重量：4.37千克（9.5磅）
枪管长：610毫米（24英寸）
口径：7.62毫米（0.30英寸，使用美制0.30- 06步枪弹）
枪口初速：853米/秒（2800英尺/秒）
射程：500米（1640英尺）以上

M1伽兰德步枪

1944年6月配属于在诺曼底地区奥马哈海滩作战的美军第1集团军第29步兵师第116团

M1伽兰德步枪是世界上第一种列装一国军队的半自动步枪。其服役期长达40年。

技术参数

制造国：美国
年份：1944
枪口初速：853米/秒（2800英尺/秒）
工作方式：导气式
全长：1103毫米（43.5英寸）
重量：4.37千克（9.5磅）
枪管长：610毫米（24英寸）
口径：7.62毫米（0.30英寸，使用美制0.30- 06步枪弹）
供弹方式：8发内置弹仓
射程：1000米（3280英尺）以上

伽兰德M1C步枪

1944年7月配属于位于诺曼底地区的美军第1集团军第1步兵师第16团

这种枪械是伽兰德步枪的狙击枪改型。1944年6月，美国陆军将其选为制式狙击步枪以作为春田M1903A4步枪的补充。

▲ **装甲掩护**

1944年7月在挪威某地，一支美军小分队正隐蔽在一辆M4A3谢尔曼步兵坦克后面。该队全员装备了M1伽兰德步枪。全队仅最后一人装备的是勃朗宁自动步枪（BAR），这是该小队唯一的步兵重火力。

也均为450发/分钟。生产方面的一些原因，M3冲锋枪直至1944年底才列装美军前线部队。有少量M3冲锋枪被配发给了参加为期数周的赫特根森林战役（Hurtgen Forest，又译为霍根战役）和围剿阿登战役中被围德军的那些美军部队。阿登战役俗称为“突出部之役”。M3A1冲锋枪则于1944年12月正式列装；然而这些M3A1中只有很少一部分真正的参加了二战。虽如此，M3A1倒还真的有些改进，其中就包括了换用更为可靠的枪械扳机组件[①]。由于M3冲锋枪姗姗来迟，战争期间的美军小队（班组）一级的行动不得不依靠汤普森冲锋枪和勃朗宁自动步枪来完成。对M3冲锋枪所做的评估结论显示，该枪容易因灰尘、淤泥和累积起来的污垢而发生故障。其双排单进的30发容弹量弹仓如果手动装填的话比较困难，而在战场条件下也就更加困难了。

另一款冲锋枪，即M2“海德-茵兰德”在武器测试中曾与M3同场比拼；起初，这种自由枪机式的11.43毫米（0.45英寸）口径M2冲锋枪得到了一份超过16万支数目的大订单，然而该订单于1943年春被取消。尽管M2冲锋枪的射速高达500发/分钟，它还是能与汤普森冲锋枪通用同一种弹匣供弹系统。1942年至1943年期间，马林军火公司只生产了400支该型冲锋枪。

① 主要是压簧杆。

春田M1903A4步枪

1944年12月配属于美国陆军第1集团军第9师，参加了“阿登战役”

这种步枪主要的用途是作为狙击步枪来使用。所以老式的春田M1903A4步枪被加装了韦弗2.5倍330C打猎用狙击瞄准镜。为加快生产速度，该枪也装备了冲压件零件。其余各项改进包括对握柄和护木的改动。该枪于1943年列装服役。

技术参数

制造国：美国
年份：1943
枪口初速：853米/秒（2800英尺/秒）
供弹方式：5发内置弹仓
全长：1097毫米（43.19英寸）
枪管长：610毫米（24英寸）
口径：7.62毫米（0.30英寸，使用M1906式子弹）
工作方式：旋转后拉枪机
射程：1000米（3280英尺）以上
重量：3.94千克（8.68磅）

M3“黄油枪”

1944年11月随美军第3集团军第28步兵师第112步兵团参加了阿登战役

M3冲锋枪是为了替换汤普森冲锋枪而研发的，但却一直拖延到1944年末才列装美军现役部队。而M3冲锋枪的一种改进型号（即M3A1）直至战争结束也未能大批量服役。

技术参数

制造国：美国
口径：11.43毫米（0.45英寸，使用柯尔特自动手枪弹）
工作方式：自由枪机式
全长：745毫米（29.33英寸）
重量：4.65千克（10.25磅）
射程：90米（295英尺）
年份：1942
枪管长：203毫米（8英寸）
枪口初速：280米/秒（920英尺/秒）
供弹方式：30发容弹量可拆卸式弹匣
射速：450发/分钟

汤普森1928冲锋枪

1944年配属于参加赫特根森林战役的美军第1集团军第2游骑兵营士兵

汤普森冲锋枪是一战期间设计的枪械，其最初的设计意图是用快速移动的重火力突破敌军战壕。但讽刺的是，实际上它却是在大禁酒令的时代里（作为黑帮武器）而出名的。美军于1938年列装了汤普森1928型冲锋枪，其设计与原始型号相比已经有所改动。

技术参数

制造国：美国
年份：1928
枪口初速：280米/秒（920英尺/秒）
工作方式：半自由枪机式
全长：857毫米（33.75英寸）
重量：4.88千克（10.75磅）
射速：700发/分钟
枪管长：266毫米（10.5英寸）
口径：11.43毫米（0.45英寸，使用M1911手枪弹）
供弹方式：18、20或30发容弹量可拆卸式弹匣
射程：120米（394英尺）

▲ M2海德-茵兰德冲锋枪

1944年送美国陆军阿伯丁武器试验场进行试验

该型冲锋枪产量有限，未列装美国陆军服役。由于M3“黄油枪”受到喜爱，M2冲锋枪的一份订单遭取消。

技术参数

制造国：美国
年份：1942
枪口初速：292米/秒（960英尺/秒）
工作方式：自由枪机式
全长：813毫米（32英寸）
重量：4.19千克（9.24磅）
射速：500发/分钟
枪管长：305毫米（12英寸）
口径：11.43毫米（0.45英寸，使用0.45英寸口径，柯尔特自动手枪弹）
供弹方式：可拆卸式弹匣（与汤普森冲锋枪通用）
射程：50米（164英尺）

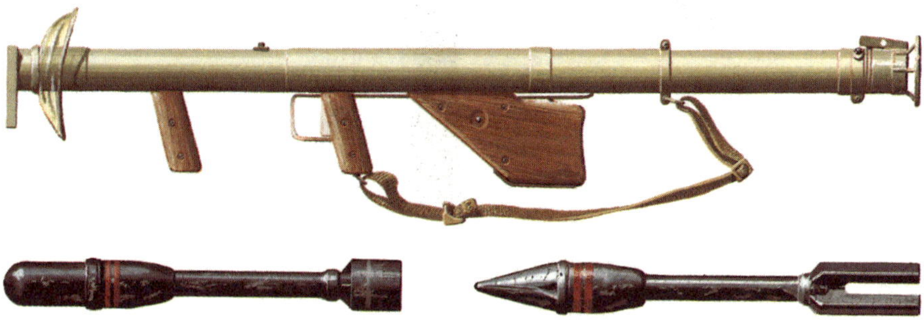

▲ M9巴祖卡火箭筒

1945年4月配发给正在德国中部地区作战的美国陆军第3集团军第106步兵师第424步兵团使用

M9巴祖卡火箭筒是一种基本型的反坦克武器。本质上，它是一种发射锥形装药战斗部的近距离火箭筒。该武器在装甲车辆的侧翼或边缘（履带）处使用尤为有效。

技术参数

制造国：美国
年份：1943
枪口初速：83米/秒（270英尺/秒）
装填：后膛装填
重量：5.98千克（13.18磅）
口径：60毫米（2.36英寸，高爆弹药或高爆反坦克战斗部）
工作方式：固体火箭
全长：1545毫米（61英寸）
射程：640米（2010英尺）

德国陆军：保卫第三帝国 1944-1945

等到德军列装先进的自动武器时，时机已经太迟了，且其列装数量太少。到二战结束前的最后那几个月，德国陆军不得不被在大大延伸了的三条战线上同时作战，同时他们还面临着人力和资源的萎缩。

到1944年时，尽管还努力维持着原来的组织架构，一个整编德国陆军师的人数已经下降到只剩12500人。他们所装备的重型机枪的数量在某种程度上也有所下降。而且德国高级指挥官们认为，列装新型自动武器（譬如射速比Kar98k旋转后拉枪机步枪更高的StG-44突击步枪）至少可以部分弥补德军中训练有素的老兵的损失。此时，德军的伤亡数字正在不断增大。

在1945年初的那几个月里，有些德军师一级的部队无可避免地遭到了严重减员，以至于这些“师”其实只有往常大约1个团或者1个营的兵力。继1943年德国陆军对步兵班进行重新整编以来，德国陆军主力步兵排就只包括4个班组（每班10人）、一个装备着1具50毫米（2英寸）口径迫击炮的炮兵班组、一个6人编制的排指挥部班组（其中1人为指挥官）。

出于实际需要并且由于日益进步的现代科技，二战中的德国陆军是最早大量装备半自动武器的军队之一。其中就包括了列装StG-44突击步枪，它有全自动和半自动两种射击模式可供选择。StG-44是一个旨在研发一种新型机枪式卡宾枪的项目的最终成果。那时，希特勒拒绝批准任何新类型武器的研制工作。因此，为了掩护这一研发项目，其项目代号被标为MP43，随后又被改称为MP44。“MP”在这里代表着“手提式

▲ **坦克杀手**

1944年7月，在诺曼底地区，装备着“铁拳”空心装药反坦克火箭筒的某纳粹党卫军装甲掷弹兵在等待盟军的装甲攻击。

轻机枪”[①]，而这是一种早已存在的武器类型。希特勒最终批准了这一研发项目，其代号StG-44则最终成为该武器量产时的官方名称。

火力风暴

StG-44的外观非常容易辨认，其线条圆润，弹仓弯曲，最多可装30发7.92毫米（0.312英寸）子弹。许多武器专家总结说StG-44是世界上第一款投入实战的突击步枪。其射速可达500发/分钟，射程则为300米（984英尺）。StG-44是一种采用导气式原理，枪机偏移式闭锁机构的自动武器。其设计工作始于20世纪40年代早期。由于希特勒的干扰，这种武器的批量生产一直拖延至1943年10月才得以开始；如果没有希特勒的阻挠，它原本可以提前数月量产的。StG-44的总产量约为近42.5万支，其中大部分都被送往了东线战场前线。

如果StG-44早点投产的话，有可能稍稍改变一下战争的进程。然而，早期冲锋枪已经在整个二战的过程中表现了一番[②]。大部分的早期冲锋枪都是由高产的武器设计师雨果·施迈瑟（1884–1953）设计的。MP38冲锋枪和MP40冲锋枪都是德军的新锐武器，盟军如有缴获也一般都会拿过来继续使用。盟军士兵对这些枪械的表现印象深刻。

瓦尔特手枪

整个战争期间，瓦尔特PP系列手枪在纳粹党官员、军官、警察和德国空军人员中都很流行。该系列手枪于1929年起投产，至今仍有数家公司以许可证生产的方式在继续生产该系列手枪。继原始型的PP手枪之后，PP系列手枪中最为普遍的PPK手枪及其各种改

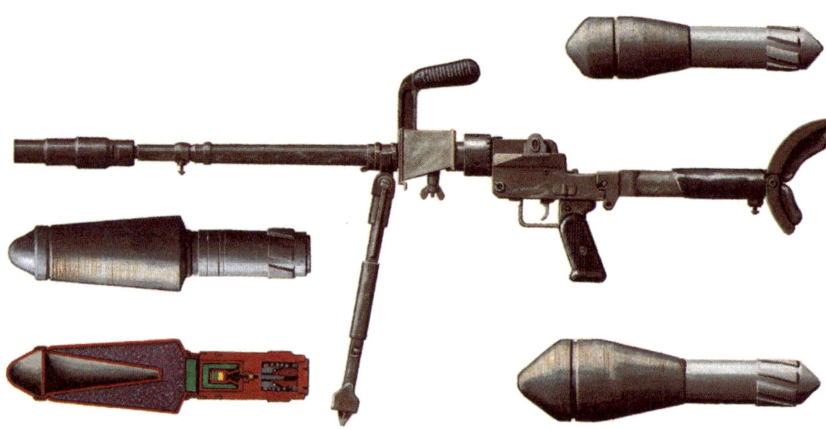

技术参数

制造国：德国	口径：未知
年份：1942	全长：未知
工作方式：旋转后拉枪机	重量：未知
射程：125米（410英尺）	枪口初速：未知
供弹方式：单发发射	枪管长：590毫米（23.23英寸）

▲ **GrB39反坦克步枪**

1944年7月配属于参加佛里勒斯岭（Verrieres Ridge）战役的德军第272步兵师第981步兵团

该型反坦克枪是PzB39的一种改型，可发射反步兵榴弹或反坦克榴弹。其螺丝接口的榴弹发射器是拧紧在枪管上的。

① 即冲锋枪。
② 意即不能对其作用有太高的估计。

型于1931年开始批量生产、希特勒（1889–1945）本人就随身佩有一把PPK手枪。希特勒最后在吞服氰化物胶囊的同时用PPK手枪朝自己的脑袋发射了一枚7.65毫米（0.301英寸）子弹自杀。PPK手枪也因为是小说人物超级特工詹姆斯·邦德所用的款型手枪而变得出名起来。PP系列手枪是全世界范围内第一批流行起来的双动式半自动手枪之一。该手枪另外的显著特点则是其暴露式的击锤和单排式的弹匣。PPK手枪比原始型的PP手枪要小巧和轻便一些，因此也更易于被藏匿。这使得它在特工和民事执法部门人员中变得更加流行。

1942年，德军列装了“39式坦克狙击步枪”（PzB39）的一种改进型号，即GrB39反坦克步枪。GrB39反坦克步枪比前者的枪管要短，而GrB39反坦克枪的两脚架、背带、提把和握把都被改动到了不同的地方去了。其枪口可加装一具带螺纹的榴弹发射器，该发射器正是通过螺纹拧紧固着在枪管上的。GrB39反坦克枪共可发射3种规格的反坦克榴弹：反人员（步兵）榴弹、小型反坦克榴弹和大号反坦克榴弹。每种榴弹都是由一发7.92毫米（0.312英寸）空包弹药筒推进的。

与此同时，新一代针对特定目的制造的反坦克武器也正崭露头角。PRzB反坦克火箭筒（即“坦克杀手”）是基于缴获的美制巴祖卡M1反坦克火箭筒仿制出的新武器。为保

瓦尔特PP手枪

1945年3月配属于德国空军第8航空军第27联队

瓦尔特PP系列半自动双动式手枪于1929年开始生产，时至今日依然非常流行。该枪曾在多个国家生产，它在二战时期的纳粹党官员中也很流行。

技术参数

制造国：德国	年份：1935
口径：7.65毫米（0.301英寸）	枪管长：98毫米（3.9英寸）
工作方式：直接反冲式	枪口初速：256米/秒（840英尺/秒）
重量：0.665千克（1.46磅）	供弹方式：7发容弹量可拆卸式弹匣
射程：30米（98英尺）	全长：170毫米（6.7英寸）

“43式步枪”（Gew.43）

1945年4月配属于德国陆军西线司令部（Oberbefehlshaber West）第1集团军第198步兵师

半自动43式步枪是它自身那复杂的生产工序的受害者。直至二战晚期，其产量也很有限。其狙击步枪改型的精度则非常之高。

技术参数

制造国：德国	枪管长：546毫米（21.5英寸）
年份：1943	口径：8毫米（0.314英寸）使用IS弹①
工作方式：导气式	
全长：1130毫米（44.49英寸）	枪口初速：853.6米/秒（2800英尺/秒）
重量：4.1千克（9.7磅）	射程：500米（1640英尺，使用瞄准镜时为800米，即2620英尺）
供弹方式：10发容弹量可拆卸式弹匣	

① 即7.92毫米X57毛瑟步枪弹，所谓8毫米IS弹是根据一种比较另类的分类方法得出的新名称。

护火箭筒操作者，制造时往往还附加一个防盾。但是这种武器的巨大炮口焰（和尾焰）往往会暴露该武器所在位置并招来反击火力。PRzB反坦克火箭筒于1943年列装德国陆军部队，总产量约为30万具。其后期型号可发射重型88毫米（3.5英寸）口径火箭推进式榴弹。

▲ **“坦克杀手”式反坦克火箭发射器**

1944年8月装备于诺曼底地区的德军第47坦克军第21坦克师第125装甲掷弹兵团

“坦克杀手”反坦克火箭发射器实际上模仿自一具德军缴获的美制M1巴祖卡火箭筒；但随后它就被改装为发射威力巨大弹药、能够摧毁盟军任何装甲车辆的火箭筒。

技术参数

制造国：德国	全长：1640毫米（64.5英寸）
年份：1943	口径：88毫米（3.5英寸，使用高爆弹或高爆反坦克战斗部）
膛口初速：110米/秒（360英尺/秒）	
工作方式：固体燃料火箭	工作方式：固体燃料火箭
重量：11千克（24.25磅）	射程：150米（492英尺）

人民暴风突击队：希特勒“祖国卫士”们 1945

随着第三帝国的边界在二战的最后一年里日益萎缩，德国被迫在国土防御作战中征召老人和孩子。

希特勒对日益逼近德国的盟军所做的最后一道防线就是那些所谓的人民暴风突击队的方阵了。其中包括老弱、非常年幼者，甚至还有一些女人。刚满12岁的男孩和已经60多岁的老人都被征召起来，接受短期训练，穿上军装。他们手中的武器就是那些在二战中早先参战的正规军们使用的武器，譬如毛瑟Kar98k步枪、M24型手榴弹（由于其长柄结构，盟军士兵称之为土豆粉碎机）、M39型和M43型手榴弹、寥寥几把可用的MG34和MG42机枪以及各种杂械冲锋枪。更加老旧的毛瑟98步枪和毛瑟71步枪也一并发了下去。对人民暴风突击队的每个作战单位来说，其实并无制式武器标准可言。

人民暴风突击队的基本行动单位大约是人数略少于650人的一个营，他们的制服往往不完备或者根本拿不到制服。他们所受的军训有时是由参加过一战的老兵或是因伤退役不再适合作战的人员所教授和指导的。

1945年初，德国开始生产MP3008型冲锋枪，其主要目的是打算用这种自动武器装备人民暴风突击队。MP3008的设计基于德军缴获的非常成功的英国司登冲锋枪。因其用途是发给人民暴风突击队，由此它也被称为“人民冲锋枪”。

MP3008是一款开膛待击的自由枪机式冲锋枪，每分钟可发射450发子弹。它使用9毫米（0.35英寸）口径卢格手枪弹，采用32发容量的可拆卸式弹匣供弹。改枪生产时间很短，战争结束之前就已经停产了。其产量总计约有只10000支。MP3008的出现其实是作为弥补自动武器不足的紧急办法而已，因此造价低廉，有很多部件是从钢板上直接冲下来的。

该枪的尾柄很粗糙。早期型号的MP3008甚至没有手柄，金属卷制的枪身是被焊接在框架上的。制造末期的几把这种枪的枪身甚至是用木头做的，因为那时候已经完全没有所谓“金属供应”这回事了。

有众多衍生型的铁拳反坦克系统

铁拳反坦克火箭筒对于很多人来说象征着第三帝国最后的那段日子。接受如何发射这种管状武器的训练的中年妇女揭示了1945年德国的绝望境地。铁拳反坦克火箭筒造价低廉，而且是预装完毕的，只需一人即可发射。因此，从1943年至1945年，总计生产了约600万发“铁拳”。

铁拳反坦克火箭筒包括一具可以丢弃的发射管，发射一发2.9千克（6.4磅）总重、装有0.8千克高爆炸药（1.8磅）空心装药式战斗部的榴弹。其射程则依型号不同而有所不同，最远射程为100米（328英尺）。这是第一种配备了可丢弃式发射器具的反坦克武器。但是它发射时发出的巨大的尾焰往往会暴露操作者隐蔽的位置。随着战争迁延时日，某些德军士兵只配发了“铁拳”就被送上战场。盟军在西欧被击中和击毁的坦克中，超过30%是“铁拳”造成的。

技术参数

制造国：德国	枪管长：196毫米（7.7英寸）
全长：760毫米（29.9英寸）	年份：1945
口径：9毫米（0.35英寸，使用卢格手枪弹）	枪口初速：365米/秒（1198英尺/秒）
工作方式：自由枪机式	供弹方式：32发容弹量可拆卸式弹匣
重量：3.2千克（7.05磅）	
射速：500发/分钟	射程：70米（230英尺）

▲ **德军MP3008型冲锋枪**

1945年3月配发给德军人民暴风突击队第20营使用

MP3008是一种二战末期造价低廉的发给人民暴风突击队使用的冲锋枪。该枪仅在1945年初的几个月中有所生产，估计产量约为10000支。

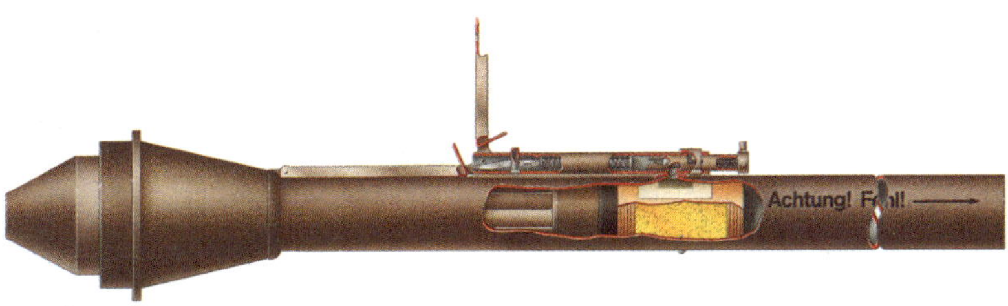

技术参数

制造国：德国	全长：1000毫米（39.4英寸）
年份：1943	膛口初速：30米/秒（98英尺/秒）
口径：100毫米（3.9英寸）	
工作方式：无后坐力火箭筒	装填：一次性使用
重量：1.475千克（3.3磅）	射程：30米（98英尺）

▲ **铁拳反坦克火箭筒**

1945年3月配发给德军人民暴风突击队第301营使用

铁拳反坦克火箭筒是从一具可丢弃式发射管中发射的，尾焰巨大。二战后期出现了威力加强版的新型号，因此有些火箭筒上会写有铭文警告标语：“小心！尾焰喷射方向在此”。

第五章

第二次世界大战：东线战场

希特勒于1941年6月22日入侵苏联使得德军开始两线作战，
这就注定了第三帝国的覆灭宿命。
俄国广阔的领土、苏联人民的抵抗意志以及苏联严酷的冬季
使得苏军能够承受住巨大的伤亡并
最终在四年后迎来辉煌的胜利。
尽管德国进攻的矛头已经抵达距苏联首都莫斯科仅仅19公里
（12英里）的地方，
他们却注定得不到胜利。
希特勒将他的军队转至南面和高加索油田区。
这导致了德军在斯大林格勒的惨败，
此战过后，
德国国防军再也没能从损失中恢复过来。
到1945年春天的时候，镰刀锤子旗已经高高飘扬在了
德国国会大厦的楼顶。

机枪班组

“蓝色行动”期间，德国国防军士兵正小心翼翼地穿行在俄国南部的玉米地里。1942年8月，德军向斯大林格勒和高加索地区推进。前排士兵正在搬运的是MG34型班用机枪，它是二战中大部分时间里德军士兵的支援武器。

导言

苏德两国起先是貌合神离的瓜分波兰的伙伴，随后变成了誓死敌对的敌人。第二次世界大战东线所卷入的人力和装备所造成的破坏和死亡都是最大的，比任何其他战线都大。

苏联领袖约瑟夫·斯大林（1878–1953）得知德军坦克和部队于1941年6月22日凌晨闪击苏联的消息之后感到万分震惊。但实际上，各个方面的情报来源一直在重复提醒德国入侵的危险，但这些警告统统被当成了耳旁风。更有甚者，斯大林一直持续对德国贸易，为第三帝国定期送去一船又一船的粮食和其他资源。在苏德两国长达1600公里（1000英里）的边界线上，超过160个德军师毫无预兆地突袭苏联。苏联红军被这种重锤似的打击搞得晕头转向。

非常讽刺的是，苏联人自己在很大程度上使自己陷入如今这种凶险的境地。自20世纪20年代以来，苏联一直为德国暗中摆脱《凡尔赛和约》束缚的努力提供便利。他们允许德军在苏联的土地上进行整训、测试从轻武器到坦克的各类武器。苏联人也曾与纳粹德国签订《互不侵犯条约》，这个条约一再向斯大林保证说德国东扩的意图将仅止于瓜分波兰以后的边界线而不再东进一步。

就在希特勒的部队推进的同时，他们也在屠杀和俘虏数以十万计的苏军士兵、犯下罄竹难书的暴行。苏军还饱受缺乏有经验的军官之苦。大多数的红军高级军官都在斯大林于20世纪30年代发动的大清洗运动中被处决。他们被处决的理由是斯大林希望“清理和纯洁”红军军官团。

苏联的大部分工业生产设施和能力都处于德军颇具破坏力的军队攻击距离内，这使得苏联红军最高统帅部面临的问题更加复杂化了。作为应对，苏联方面把整座工厂化整为零，向东运到后方再重建起来。其中有

苏联抵抗组织

1943年3月，装备着性能超级可靠的71发圆盘弹鼓式波波莎（PPSh- 41型）冲锋枪的苏联游击队员们正准备在白俄罗斯展开转移行动。

▲ **MG30机枪**

这是一张罕见的照片，图片中显示的是轴心国军队的士兵正在二战东线某地操作一挺索洛图恩[①]1930型机枪（MG30）。

些工厂甚至被迁移到了遥远的乌拉尔山以东地区。苏联人利用了自身深厚的人力资源，也设法让自己惊人的损失变得物有所值。随即，1941年的冬天到来了，德军就此陷入僵持境地。

1942年春，德军重新发动的攻击行动给红军提供了难得的机会。希特勒将德军进攻的主要方向从莫斯科转向了南方。德军首先围困北方的列宁格勒，随后就把进攻矛头直指南部和油气资源丰富的高加索地区。在斯大林格勒城外的伏尔加河畔，苏军包围了德军第6集团军并将这支部队全歼。斯大林格勒战役是二战东线战场上的转折点所在。1943年2月，当长达5个月的城市争夺战结束之后，德军在仅此一地的毙、伤、俘所损失的人数就达85万人。这是无可取代、无法恢复的重大损失。苏联宣传部门因此把1944年称作“10次胜利之年”。苏联红军随后发动的追击反攻行动将纳粹德国国防军撵回了德国境内。希特勒的高级将领们一再从参谋部收到命令，要求他们从绝望的固守地点回撤；但是元首却不断取消这种撤退命令而强调要求他们继续坚守阵地、作战到死。来自希特勒的这种干扰使得整个东线的战线不能稳定下来。到1945年春天时，红军战士们已经打到柏林郊区了。

二战前期，苏联严重依赖于来自美国的军事援助。通过《租借法案》，美国向苏联海运了数百万吨的补给品和装备物资。苏联自身的工业也确实在努力维持生产并制造改进过的武器。其中也包括传奇的T-34中型坦克和一些轻武器，譬如红军战士标配的SVT-40步枪和PPSh-41冲锋枪（即托卡列夫半自动步枪和波波莎冲锋枪）。正是这些武器最终使得红军一路取得了胜利。

① 又译为索罗通。

冬季战争[①] 1939-1940

规模较小但却战斗力却很强的芬兰军队与苏联红军顽强作战，“冬季战争”虽然短暂但却痛苦。虽然苏联人遭受了惨重伤亡，芬兰人最终还是被击败了。

芬兰与苏联之间的一处领土纠纷最终于1939年11月引发了战争，这时距离第二次世界大战爆发才刚过去几周时间而已，苏联红军在二战爆发后入侵了邻国波兰。苏联领导人斯大林（1878–1953）期待一场速胜，因此未能搞清楚他于20世纪30年代对苏军领导层进行大清洗的后果。大清洗期间，约3万苏军军官（其中有许多是高级军官）被关入监狱或是被蓄意谋杀以便平息斯大林的妄想症。其结果是，当苏联军队入侵芬兰时，英勇的芬兰军队顽强抵抗。他们给苏军造成了惨重的伤亡。

缺乏经验的苏军军官犯下了战术和战略上的双重错误，芬兰军队则往往充分利用了这些错误。游荡的芬兰陆军游击队通常使用滑雪板来在祖国的厚厚积雪和茂密森林中快速行动。苏军部队及其后勤补给纵队常常被困在冰封的道路上动弹不得并遭到成批消灭。其结果是，这场战争变得旷日持久，苏军在这场战争中遭受的伤亡超过了32万人。这一数字是芬兰军队伤亡人数的4倍还多。

苏联的胜利

然而最终，苏军数量上的巨大优势迫使芬兰人求和，于是战争于1940年3月13日结束。虽然苏联未能完全征服芬兰，但还是得到了超过10%的战前芬兰方面声称有争议的领土。这些新得到的领土包括位于列宁格勒、拉多加湖附近的土地，卡累利阿地峡，芬兰湾内的一些小岛，雷巴奇半岛。同时，苏联也获得了对芬兰重要自然资源和工业中心的控制。

滑雪部队

1940年1月，冬季战争期间，滑雪的芬兰部队正在短暂休息。绝大多数芬兰部队装备的都是苏联莫辛纳干步枪的芬兰版本。

① 即苏芬战争。

芬兰陆军 1939–1944

1939年至1940年期间的芬兰陆军规模虽小但是效率很高，纪律和道德水平也很好。苏联军队入侵时，芬兰人进行了卓有成效的防御。

1939年秋，苏芬谈判破裂之后，芬兰陆军动员了9个师又4个独立旅，总人数略多于20万人。而苏联红军最终投入到1939年至1940年期间苏芬战争中的军队多达120万人。苏芬战争中最常部署的双方战术单位为营级部队。芬兰人在位于卡累利阿地峡的曼纳海姆防线附近苦苦坚守，而领导组织极其糟糕的苏军一再受挫。这时，芬兰人得到了经验老到的战士的名声。他们能撑着滑雪板通过雪原、袭击苏联防守点，然后立刻抢在苏联人组织和发动反击之前消失。

尽管芬兰陆军受到保卫祖国的精神鼓舞坚守国土，但是他们缺乏重武器：据说他们只有112支反坦克枪和屈指可数的几辆装甲车。不管怎样，在那遥远的北方，芬兰人还是运用分割包围的战术将进攻中的苏军师化整为零，专挑已经遭到削弱的部分下手，然后每次系统性地消灭其中一部分。在苏奥穆斯萨尔米附近的一系列战斗中，从1939年12月至1940年1月，芬兰人给苏军第44、第163师造成了严重伤亡。

1940年3月冬季战争结束的时候，双方达成了“不安的和平”，现实主义的观察家们都知道这种和平是不可能持续下去的。随着苏联和纳粹德国的关系日益紧张，芬兰人又一次被夹在了中间。苏芬之间最终又打起了“1941–1944年持续战争”。这次战争结束后，芬兰被迫放弃了更多领土，但还是保住了自己的国家主权。芬兰人也确实曾经配合纳粹德国准备和执行了对苏联的“巴巴罗萨计划”，也派人心不在焉地参加了对列宁格勒的“900日大围困”。

1939年至1940年期间的芬兰军队装备了各种各样的武器，其中包括莫辛纳干M1891型步枪。这些枪中很大一部分是德国和奥匈帝国军队在第一次世界大战时从沙俄那里缴获的，随后才于一战结束后转卖给了芬兰。这款内置弹仓的旋转后拉枪机步枪曾经在比利时由纳干兄弟作了部分设计并成为沙俄部队的制式武器。它使用7.62毫米（0.30英寸）口径弹药，沙俄和苏俄以及世界其他地方最终总计造出了大约3700万支莫辛纳干步枪。一些芬兰武器制造商随后开始生产M1891型莫辛纳干步枪的几种改型，其中包

拉赫蒂L–35手枪

1940年位于卡累利阿前线的芬兰陆军第4师曾使用过该枪

就总体外观来看，芬兰拉赫蒂L- 35型手枪与德国卢格手枪相似，但是并没有采用其肘节式起落闭锁设计。此枪具有一个“枪机加速器”，它能够让枪支在严寒的环境下或在受到污染的时候增加可靠性。

技术参数

制造国：芬兰	全长：245毫米（9.65英寸）
年份：1935	枪管长：107毫米（4.21英寸）
口径：9毫米（0.35英寸）	枪口初速：335.3米/秒（1100英尺/秒）
工作方式：枪管短后座	
重量：1.2千克（2.6磅）	供弹方式：8发可拆卸式弹匣
射程：50米（164英尺）	

括一款卡宾枪和另一款为提高精度而加重枪管的型号。这种提高精度的枪管加重型莫辛纳干步枪被称为M24型。早在“冬季战争”开始之前，芬兰人就饱受轻武器短缺之苦并从南斯拉夫、意大利、瑞典、比利时、法国和英国等处订购了大批步枪。

芬兰制造的苏米KP-31冲锋枪（KP即Konepistooli，芬兰语中“自动手枪”之意）是由艾莫·约翰内斯·拉赫蒂（1896-1970）设计的。它是一种声誉卓著的优秀步兵武器。该枪的原始设计专利获得于20世纪20年代早期。标准型的KP-31冲锋枪则使用9毫米（0.35英寸）帕拉贝鲁姆手枪弹。苏米KP-31冲锋枪使用71发弹鼓、20或50发盒式弹匣供弹。其击发方式有全自动或半自动两种档位。其超过800发/分钟的射速令人印象深刻。在苏芬战争中，文献资料显示，熟练使用KP-31冲锋枪的小股芬兰军队能够击退数倍于他们的苏军队伍，这就是其强大射速的明证。此外，苏米KP-31冲锋枪独特的射击握持方式也令人印象深刻。

技术参数

制造国：芬兰	枪管长：319毫米（12.52英寸）
年份：1931	枪口初速：400米/秒（1310英尺/秒）
口径：9毫米（0.35英寸）	供弹方式：71发容弹量弹鼓；20或50发容弹量可拆卸式弹匣
工作方式：自由枪机式	射速：800- 900发/分钟
全长：870毫米（34.25英寸）	
重量：4.87千克（10.74磅）	
射程：100米（328英尺）以上	

▲ **芬兰苏米KP-31冲锋枪**

1939年12月配属于位于苏奥穆斯萨尔米地区的芬兰陆军第16团

芬兰苏米KP-31冲锋枪是一款自由枪机式的冲锋枪。它被苏芬战争的实战证明了是一种威力强大的武器。由于苏米KP-31冲锋枪的高射速和高可靠性，它在芬兰部队中变得非常流行。

技术参数

制造国：芬兰	枪管长：247毫米（9.72英寸）
年份：1944	枪口初速：395米/秒（1300英尺/秒）
口径：9毫米（0.35英寸）	供弹方式：71发容弹量弹鼓；50发可拆卸式弹匣
工作方式：自由枪机式	射速：650发/分钟
全长：825毫米（32.48英寸）	
重量：2.8千克（6.17磅）	
射程：70米（230英尺）	

▲ **M44冲锋枪**

1944年6月配属于位于东卡累利阿地区的芬兰陆军第13师

M44冲锋枪是一种对苏制PPS- 43进行模仿的产物。它可采用KP- 31所使用的那种71发容弹量弹鼓或者50发容弹量的弹仓。后来，该枪进行了部分改造，以便可以使用卡尔·古斯塔夫冲锋枪的那种36发容弹量的弹仓。

保卫祖国：苏联红军 1941-1942

苏联红军在他们称之为“伟大的卫国战争”的那场战争早期受到了强力压制，但最终东山再起。虽然遭到了巨大的伤亡损失，苏联人还是阻滞住了德军东进的脚步。

德国国防军在开阔的俄国东欧大草原上快速推进，其结果就是他们俘虏了数十万红军士兵。这些红军士兵被四面合围并被切断了撤退的后路。就在红军遭受巨大损失并向后败退之时，苏共政委通常给某些小股部队下令，要求他们用党的纪律和爱国主义的信条巩固军心；同时，政委又威胁他们，如若逃跑或者动摇溃散，那就会被枪毙。

随着时间的流逝，由1941年夏季转为了冬季，德国装甲部队的兵锋已经抵近苏联首都莫斯科。德军指挥官们已经可以从双筒望远镜里看见城里洋葱头式的建筑圆顶。莫斯科市民开始在城里挖掘反坦克壕、建造街垒以保卫这座城市。抵抗日益坚强，莫斯科从未被德军占领。随着严寒的冬天的到来，德军发现他们的机械装备在零度以下的气温下不能启动。希特勒原本是如此确信自己能速胜，以至于他并未预计到要为部队提供足够的冬衣。严寒使得数千人失去了行动能力，作战效率持续下降。使得局面进一步复杂化的问题在于，德军在东线所需要的补给数量巨大，其运输距离也非常遥远。当德军背井离乡日渐憔悴之时，苏联人从西伯利亚和其他未受战争波及的地区调来了主力军。苏军力量由此得到了增强。在斯大林确认“日苏战争短期内不可能发生”之后，很多原来部署在西伯利亚和远东的成建制部队就从对日防御中被解放出来，得以调去参加对德作战。这些部队是苏军获得斯大林格勒战役胜利的关键，也是成功抵御住德国1942年春夏攻势的关键所在。

随着天气条件显著好转，希特勒又开始继续他的入侵行动并下令把主要部队调往南方的高加索地区和位于那里的宝贵的油田区。他进一步要求将这支部队一分为二。在其中一支可观军力继续挺进高加索的同时，另一支军力向着位于伏尔加河畔的斯大林格勒前进。这种钳形攻势在斯大林格勒这个汇合点上能否如期完成是决定命运的关键。

第二次世界大战初期苏联军队装备的主要单兵武器是脆弱的莫辛纳干M1891型旋转

托卡列夫TT30手枪

1941年6月配属于苏军西南方面军第3集团军第85步兵师

托卡列夫TT30手枪是用来替换老旧的、仍在苏军中服役的纳干转轮手枪的。这种枪管短行程后坐式手枪采用8发容弹量弹匣供弹。

技术参数

制造国：苏联	枪管长：116毫米（4.57英寸）
年份：1930	枪口初速：420米/秒（1380英尺/秒）
口径：7.62毫米（0.30英寸）	供弹方式：8发容弹量可拆卸式弹匣
工作方式：枪管短行程后坐作用式	全长：194毫米（7.6英寸）
重量：0.83千克（1.83磅）	射程：50米（164英尺）

1941年6月间的苏联步兵排

1941年的苏联步枪排在纸面上看来是一支强有力的战斗力量。它包括1个装备了1具50毫米（2英寸）口径迫击炮的炮兵班组、4个步枪分队，每队由11人组成。每个小队中，有2人装备了PPD冲锋枪、1名机枪手和1名装填手负责每队唯一的一挺捷格加廖夫DP- 28轻机枪。该轻机枪是捷格加廖夫于1927年设计的，1928年服役，采用47发容弹量的圆盘顶置式弹鼓供弹。

排指挥部（1名军官，1名军士，1名其他军衔人员）：1支手枪，1支冲锋枪，1支普通步枪

第一分队（1名军士，10名其他军衔人员）：1支手枪，2支冲锋枪，8支普通步枪，1挺轻机枪

第二分队

第三分队

第四分队

迫击炮班组（1名军士，3名其他军衔人员）：1支手枪，3支普通步枪

后拉枪机步枪。随着德军入侵苏联，其产量也日益增加。1932年，莫辛纳干被拿来改造成狙击步枪使用，被命名为M1891/31型。这一型号的步枪以其高精度著名，与使用这款步枪的狙击手一同获得殊荣。譬如苏联狙击手瓦西里·扎伊采夫（1915–1991），他获得了“苏联英雄”称号，据报道他一共狙杀了225人。该型莫辛纳干步枪配有一只加装在枪栓上的瞄准镜，枪机加长并更加弯曲以便于狙击手行动。

1936年，莫辛纳干步枪再次被改造，此次改造的目的是为了快速生产。活动部件总成从八角形被简化为了圆形。到战争结束时，共计制造了1700万支M1891/30基本型莫辛纳干步枪。莫辛纳干步枪在严酷和极端天气条件下的顽强可靠性使其广为人知。由于急需在短期内提供大量步枪，战争时期制造的莫辛纳干步枪枪托短小，质量也不如战前制造的那批。

早期苏联冲锋枪深入借鉴了德国设计，PPD–1934/38型就是如此。从外观上看，它明显是抄袭了贝格曼MP28。PPD冲锋枪是一种反冲式、开放式枪机的武器，使用苏制7.62毫米（0.30英寸）弹药。其设计师为瓦西里·捷格加廖夫（1880–1949），该枪可使用弹鼓或25发容弹量的弹匣供弹。这种圆形弹鼓是从芬兰制造的苏米 KP–31冲锋枪上仿制而来的。该枪于1935年进入苏联红军现役，很快就因为太过昂贵不能大批量制造而被放弃。尽管已经制造了约9万支该型冲锋枪，到1941年底，更为便宜的波波莎PPSh–41型冲锋枪已被用来取代该枪。

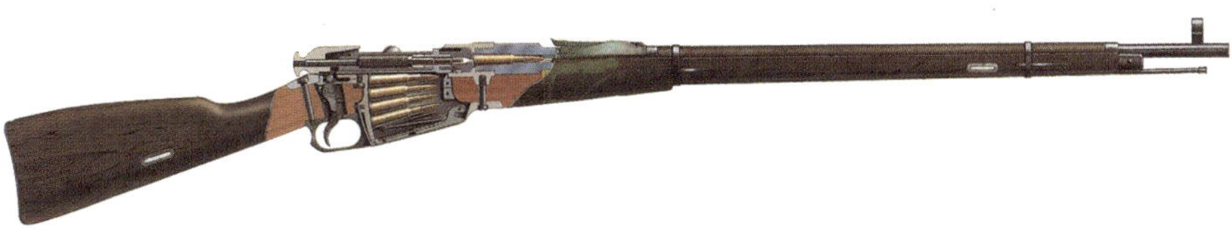

技术参数

制造国：沙俄	全长：1305毫米（51.4英寸）
年份：1891	枪管长：802毫米（31.6英寸）
口径：7.62毫米（0.30英寸）	枪口初速：810米/秒（2657英尺/秒）
工作方式：旋转后拉枪机	供弹方式：5发内置弹仓
重量：4.37千克（9.625磅）	射程：500米（1640英尺）；750米（2460英尺）以上

▲ **莫辛纳干M1891型步枪**

1941年6月配属于位于西北前线的苏联红军第17集团军第184步兵师

莫辛纳干步枪是苏联红军在二战期间的制式武器。作为一款比利时人设计的步枪，它成了苏联武器的标志。

▲ **PPD–1934/38/40型冲锋枪**

1941年8月配属于在敖德萨特别军区的苏军第9集团军第5骑兵师

苏联红军战士们对冲锋枪在现代战场上的潜力的认识最终导致了PPD-1934/38型冲锋枪的研制。它是德国贝格曼MP28的仿制型号。

技术参数

制造国：苏联	全长：780毫米（30.71英寸）
年份：1934	枪管长：269毫米（10.6英寸）
口径：7.62毫米（0.30英寸，使用苏制弹药）	枪口初速：488米/秒（1600英尺/秒）
工作方式：自由枪机式	供弹方式：25发弹匣或71发弹鼓
射速：800发/分钟	
重量：5.69千克（12.54磅）	射程：100米（328英尺）以上

苏联设计师格奥尔基·什帕金（1897-1952）将PPSh-41冲锋枪改进为反冲式的开放式枪机枪械。它使用7.62毫米（0.30英寸）口径弹药并可以分别调节为全自动或半自动两种模式。它比自己的前任，即PPD1934/38/40要更加经济，便于大量生产，时至今日，PPSh-41仍在服役。

苏联红军的战士们带着这款枪参加了1939年至1940年的冬季战争。他们在芬兰遇到了顽强的芬兰冲锋枪火力。由此，非常明显的是，冲锋枪的集中且可移动的火力在战场上可能是具有决定性的因素。1941年秋，PPSh-41冲锋枪开始在莫斯科的一些工厂量产。1942年1月至5月，总共生产了超过15万支该型冲锋枪，而随着战争的进展，苏联工厂中该冲锋枪的日产量达到了每天3000支。PPSh-41冲锋枪的结构简单，总共只有87个零件，生产该枪械所用到的冲压机械和切削

技术参数

制造国：苏联	枪管长：1066毫米（42英寸）
年份：1938	枪口初速：850米/秒（2788英尺/秒）
口径：12.7毫米（0.50英寸，使用苏制弹药）	工作方式：导气式
	供弹方式：50发弹链
射速：550发/分钟	全长：1586毫米（78.5英寸）
重量：35.5千克（78.5磅）	射程：2000米（6560英尺）以上

▲ **DShK 1938机枪**[①]

1941年10月配属于苏军布良斯克方面军第20集团军第144步兵师

DK重型机枪最初采用圆形弹鼓供弹，而DShK1938机枪则改为了弹链供弹。通常，这款机枪都放在轮式托架上运输，是苏联红军二战时所使用过的主要重机枪。

技术参数

制造国：苏联	枪管长：266毫米（10.5英寸）
年份：1941	枪口初速：490米/秒（1600英尺/秒）
口径：7.62毫米（0.30英寸）	供弹方式：35发弹匣或71发弹鼓
工作方式：自由枪机式	全长：838毫米（33英寸）
射速：900发/分钟	射程：120米（394英尺）
重量：3.64千克（8磅）	

▲ **PPSh-41型冲锋枪**[②]

1941年10月配属于苏军布良斯克方面军第20集团军第229步兵师

波波莎冲锋枪比早先的PPD冲锋枪更易于制造，也更便宜。二战期间一共制造了600万支这种极为成功的武器。

① 其名称来源于设计师瓦西里·捷格加廖夫及格里高利·斯帕金，有时也会被称之为德什卡机枪。
② 俗称波波莎冲锋枪。

技术参数

制造国：苏联
年份：1942
口径：7.62毫米（0.30英寸，使用苏制弹药）
工作方式：自由枪机式
射速：650发/分钟
重量：2.95千克（6.5磅）
枪管长：273毫米（10.7英寸）
枪口初速：500米/秒（1640英尺/秒）
供弹方式：35发容弹量可拆卸式弹匣
全长：907毫米（35.7英寸）
射程：100米（328英尺）以上

▲ PPS-42型冲锋枪

1942年7月配属于苏军布良斯克方面军第24坦克军第24摩托化步兵旅

造价低廉的PPS- 42冲锋枪（PPS-43的早期型号）被实践证明是非常坚固结实的，也满足了在二战早期进行快速生产、快速为红军班一级部队提供火力的要求。

▼ 1942年4月时的苏军机枪排

1941年巴巴罗萨计划发动时的苏军机枪排包括4个班组。每个班组都配备了DShK1938 12.7毫米（0.5英寸）口径重机枪，机枪小组定员4人。这种机枪可以通过其两轮托架和机枪盾被很容易地辨识出来。该机枪既可以作为步兵支援机枪，也可以作为防空机枪使用。其用途与盟军中的勃朗宁M2重机枪相似。机枪排中的其余人等则是那些装备着莫辛纳干M1891/30步枪和托卡列夫TT30手枪的士兵们。

排指挥部（军官1人）：手枪1支

机枪班1（军士1人,6名其他军衔人员）：手枪2支，步枪5支，机枪1挺

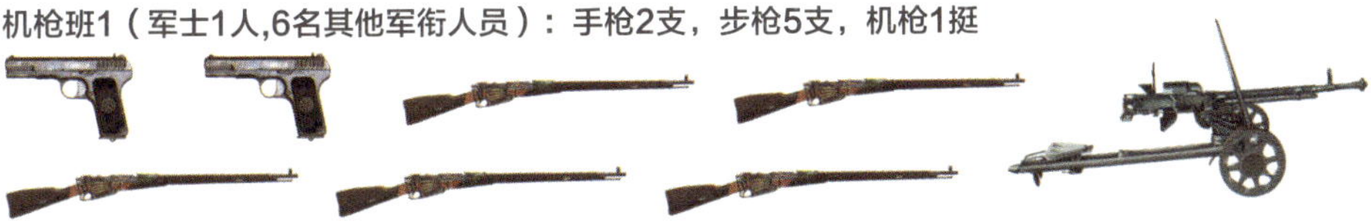

机枪班2（军士1人,6名其他军衔人员）：手枪2支，步枪5支，机枪1挺

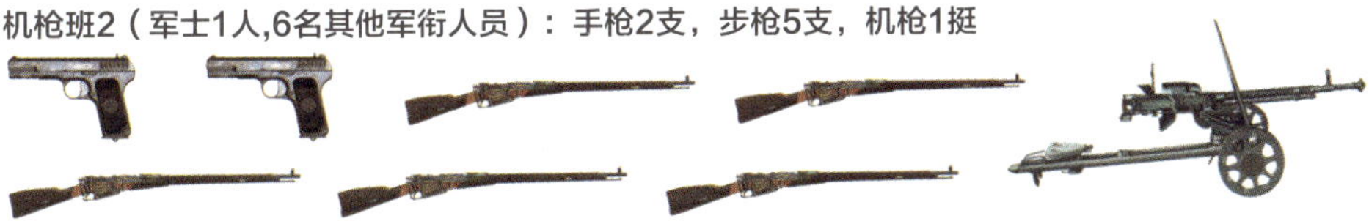

机枪班3（军士1人,6名其他军衔人员）：手枪2支，步枪5支，机枪1挺

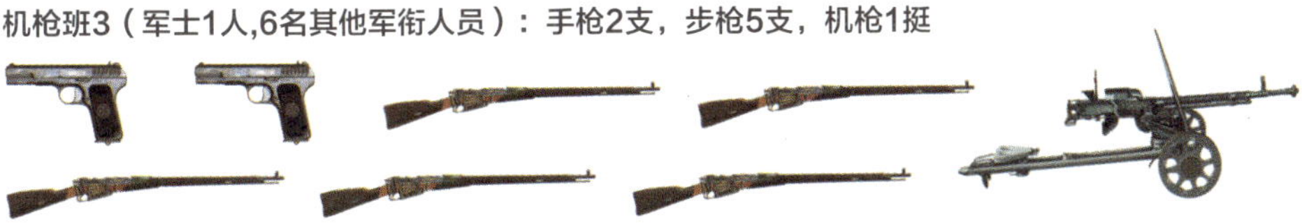

机枪班4（军士1人,6名其他军衔人员）：手枪2支，步枪5支，机枪1挺

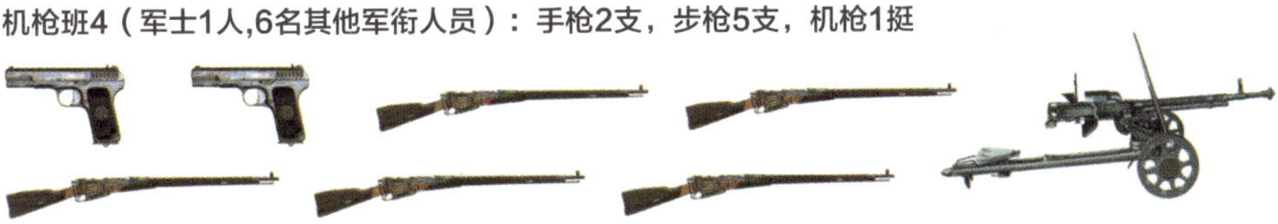

设备也很简单。生产一支PPSh–41冲锋枪仅需耗时7小时。

由于苏联的巨大产能，到二战结束时，PPSh–41的产量突破了600万支。这时的苏联红军终于能够给整编师规模的部队全员换装PPSh–41冲锋枪了，同时他们还有余力向德军战线后方的游击部队空投提供该型冲锋枪。德军士兵也对PPSh–41冲锋枪大加赞赏并将缴获的该型冲锋枪投入战斗。德制和苏制的7.62毫米（0.30英寸）步枪弹极为相似，因此可以很方便地在两国的枪械中互换使用。1942年在列宁格勒围城战中，苏联设计师阿列克谢·苏达耶夫（1912–1946）设计了另一款冲锋枪，即PPS–42。该枪立即开始被批量生产，其造价甚至比PPSh–41还要低廉，其后型号被改为PPS–43。1943年年底，PPS–43的月产量达到了每月35万支。

DShK1938重机枪是苏联在二战期间曾使用过的主要步兵支援重机枪。该重型机枪是于20世纪20年代末期设计完成的，通常被安装在一具两轮机枪座上并加装一块机枪盾。它使用的是12.7毫米（0.50英寸）口径机枪弹。该枪最初采用弹鼓供弹并被命名为DK机枪。后来改作弹链供弹的改型机枪则被命名为DShK1938。DShK射速可达550发/分钟，有时也被作为防空机枪使用。

技术参数

制造国：苏联	枪管长：1219毫米（47英寸）
年份：1941	枪口初速：1114米/秒（3655英尺/秒）
口径：14.5毫米（0.57英寸）	供弹方式：5发容弹量弹匣
工作方式：气动式	全长：2100毫米（83英寸）
重量：20.3千克（46磅）	射程：800米（2620英尺）

▲ **PTRS–41反坦克枪**

1942年3月配属于苏军加里宁方面军第3突击集团军第54步兵旅

该反坦克步枪比PTRD- 41要重，但却相对更易于运输。它采用5发容弹量的弹匣供弹，且其枪管可拆卸。其所发射的大威力弹药为钢芯弹或钨芯弹。

技术参数

制造国：苏联	枪管长：1350毫米（53.14英寸）
年份：1941	枪口初速：1114米/秒（3655英尺/秒）
口径：14.5毫米（0.57英寸）	供弹方式：单发装填
工作方式：单次击发式	全长：2020毫米（79.5英寸）
重量：17.3千克（38.1磅）	射程：1000米（3280英尺）

▲ **PTRD–41反坦克枪**

1942年6月配属于苏军南方方面军第9突击集团军

该枪于1941年列装苏联部队服役。同时代的绝大多数国家的军队都开始选用火箭推进或者弹簧撞针击发的榴弹来执行对敌反坦克、反装甲作战任务了。后来，该枪转而被用来对付困在战壕里的敌军步兵。

1942年时的苏军反坦克步兵班

1942年的苏军反坦克步兵班装备了3挺PTRS- 41反坦克枪，该枪最多可在不需二次装填的情况下连开5枪，发射钢芯弹或钨芯弹；他们也有可能装备的是3挺单发PTRD- 41反坦克枪。每个反坦克排由3个班组成，总计有9挺反坦克枪和24名士兵。苏联方面对反坦克步枪的研发起步很晚。这主要是由于苏联红军指挥官们起初误以为德国早期坦克的装甲太厚，反坦克器材枪不能穿透其装甲。当其他国家的军队热衷于使用火箭推进或者弹簧撞针击发的反坦克榴弹武器时，苏联方面对反坦克枪的研发也时有停顿。

每班：（8人）3挺PTRS-41反坦克枪或PTRD-41反坦克枪

德国与盟国 1941-1942

希特勒在东方一连串的无可动摇的胜利终于在1942年秋季走向终结。苏联红军和难熬的气候共同拖住了纳粹国防军东进的脚步。

当希特勒于1941年6月发动巴巴罗萨计划时，德军身上已经笼罩上了不败的光环。从北极圈到北非沙漠，轴心国部队占据着优势。元首和他的将军们都患上了最具危险性的军事弊病——“胜利病”。尽管德国的武装力量英勇无比，与苏联的战争仍然是一场赌博。希特勒已经意识到，将来有一天，西线战场的战事还会继续，从而形成第二条战线。而如果要实现德国的军事野心，两线作战正是希特勒认为所应该竭力避免的事情。虽然如此，他还是确信自己能再取得速胜并且想当然地以为苏联正在衰败。德国要做的就是临门踹上一脚，然后苏联这个破房子就会自己倒下来。

德军最高统帅部确实有理由感到乐观。元首似乎是能够主宰“经过计算的适度风险”的人。而且，德国的武装部队也是世界上训练最精良又最有纪律的部队；他们的武器也是质量最高的。

德国人及其盟友罗马尼亚人、匈牙利人、三心二意的意大利部队、甚至于由来自于法西斯西班牙的志愿者所组成的一个师都没能正确估计苏联那从冻土苔原到东欧草原再到克里米亚的广袤国土的辽阔性。他们也没能意识到苏联在人力、机械等战争资源上的潜力。他们更没有做好在“万一作战计划拖延过久，气候适宜的季节已经过去”的情况下面对苏联严酷的冬季气候的准备。

“星”式手枪B型

1942年配属于当时位于沃尔霍夫河的西班牙“蓝色师”第250侦察营

该手枪其实是西班牙人仿照柯尔特M1911手枪制造出来的、使用9毫米手枪弹的变异版本。该手枪被西班牙志愿者们带到了二战东线战场的前线。

技术参数

制造国：西班牙	枪管长：122毫米（4.8英寸）
年份：1924	枪口初速：未知
口径：9毫米（0.35英寸）	供弹方式：7发可拆卸式弹匣
工作方式：枪管短后坐	全长：215毫米（8.46英寸）
重量：1.1千克（2.4磅）	射程：未知

1941–1942年的德军步兵营		
单位	指挥官	兵员
营指挥部	5	27
通讯排		22
营属大车		32
机枪连	5	197
连指挥部	1	14
作战大车		14
补给大车		3
迫击炮排	1	61
3个机枪排（每个同此例）	1	35
3个步兵连（每个同此例）	4	187
连指挥部	1	12
作战用大车		17
补给和辎重大车		7
反坦克步兵器材枪班组		7
3个步枪排（每个同此例）		
排指挥部	1	5
轻型迫击炮班组		3
4个步兵分队		10
总兵力各军衔人员合计861人	22	839

1941年夏季德国人在苏联各地取得进展，肆意虐杀苏联红军。红军被俘和阵亡人数总计超过了100万人。德军有时一天之内可以推进达160公里（100英里），其兵锋深入苏联境内，能够包围并成建制全歼苏军。然而，德军未能赢得一场能够迫使斯大林乞求和平的决定性胜利。战斗就在莫斯科城下展开，德军企图攻占苏联首都的努力遭到挫败。这场战斗的代价是惨重的，自1941年10月到1942年1月，持续数周的激战共造成苏军超过100万人伤亡。

造成苏军这种惨烈伤亡的元凶之一就是著名的MG34机枪，它也是德国陆军自二战爆发时起最主要的步兵支援武器。MG34的射速可达900发/分钟，在战斗中为其更换枪管也很容易。因此，MG34机枪让盟军士兵们既敬且畏。然而，其高精度的制造工艺成本高昂，这个缺点在战时尤其明显。这迫使德国设计师们寻求可以快速廉价制造的替代方案。

德国人发明了MG42机枪，它采取了与MP40冲锋枪生产过程相似的冲压批量生产技术。MG42轻便且易于维护，能够以惊人的1550发/分钟的射速进行射击。它那独特的、类似撕扯和剥皮声的射击声使得那些曾经在战争中遇到过这款冲锋枪的盟军老兵对它记忆犹新。MG42使用7.92毫米（0.312英寸）口径弹药，采用50发或250发弹链供弹；该机枪发射时通常被置于三脚或两脚机枪架上。

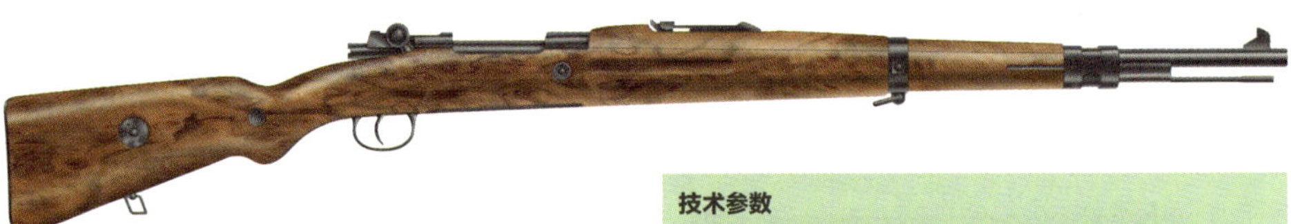

▲ **vz.24步枪**

1941年配属于入侵乌克兰敖德萨地区的罗马尼亚陆军第11步兵师

该枪是由捷克斯洛伐克于一战结束后不久制造的。其设计与德制毛瑟Gew.98步枪相似。然而这种相似却并非完全模仿。vz.24的枪管更短，还做了其他一些改进。

技术参数

制造国：捷克斯洛伐克
年份：1938
口径：7.92毫米（0.312英寸，使用毛瑟98步枪弹）
工作方式：旋转后拉枪机
全长：1110毫米（43.7英寸）
重量：4.2千克（9.2磅）
枪管长：590毫米（23.23英寸）
枪口初速：760米/秒（2493英尺/秒）
供弹方式：5发内置弹仓
射程：500米（1640英尺，需使用金属瞄准具[①]）以上

① 即使用觇孔模式。

瓦尔特P38手枪

1941年6月配属于德国陆军北方集团军群下辖第18集团军第21步兵师

瓦尔特P38手枪是举世公认的20世纪最佳手枪之一。尽管总是处于供不应求的状态，它还是于20世纪30年代被选为了德国陆军军官的随身佩枪。

技术参数

制造国：德国
年份：1938
口径：9毫米（0.35英寸）使用卢格手枪弹
工作方式：旋转后拉枪机
重量：0.96千克（2.11磅）
枪管长：127毫米（5英寸）
枪口初速：350米/秒（1150英尺/秒）
供弹方式：8发容弹量可拆卸式弹匣
全长：213毫米（8.38英寸）
射程：30米（98英尺）

毛瑟Kar98k狙击步枪

1942年7月配属于德军北方集团军群第11集团军第2党卫军旅

该枪是德军步兵标配的毛瑟Kar98k步枪的狙击改型，枪上加装了高精度的光学瞄准镜。在训练有素的使用者手中，该枪械即使在1000米射程上也非常精准。

技术参数

制造国：德国
年份：1935
口径：7.92毫米（0.312英寸，使用毛瑟M98步枪弹）
工作方式：旋转后拉枪机
重量：3.9千克（8.6磅）
枪管长：600毫米（23.62英寸）
枪口初速：745米/秒（2444英尺/秒）
供弹方式：5发内置弹仓
全长：1110毫米（43.7英寸）
射程：1000米（3280英尺）以上

“39式反坦克枪”

1942年5月配属于德军中央集团军群第4集团军第331步兵师

该枪对苏制坦克的作战效率不是很高，但是由于钨芯弹的运用，这款超长型枪械得以继续服役。

技术参数

制造国：德国
年份：1939
口径：7.92毫米（0.312英寸）
工作方式：旋转后拉枪机
重量：11.6千克（25.57磅）
供弹方式：单发击发
枪管长：1085毫米（42.7英寸）
枪口初速：1265米/秒（4150英尺/秒）
全长：1620毫米（63.8英寸）
射程：对25毫米（0.98英寸）装甲的有效射程为300米（984英尺）

MG42于1942年列装德军在北非和东线战场上的部队，其战时总产量高达40万支。1944年，该枪的最高年平均产量竟然高达21.2万支。该机枪配备有6名机枪班组成员，其中2人为指挥员，1人为机枪手，1人为两脚架或三脚架运送人员，其余三人负责运输弹药和备用枪管。

正如德军稍早前装备的MP38和MP40冲锋枪一样，从二战东线战场的实战中改进而来的MP41冲锋枪原计划为单兵提供可观的火力。其原计划设计用途为装甲车辆乘员、空降部队和小规模的地面作战单位人员的单兵武器；尤其针对的是班排一级的部队人员。然而德国陆军却从未正式列装过MP41冲锋枪，其主要用户为纳粹党卫军和警察部队。MP41冲锋枪从本质上来说其实跟MP40是同一种武器，两者都有木制的枪托护木，都可以选择自动或半自动两种不同的发射方式。MP41冲锋枪使用的是9毫米（0.35英寸）卢格子弹，其射速可达550发/分钟。妨碍其被广泛接受的一个主要因素是，这款枪的专利权法律纠纷是一笔“烂账”。

技术参数

制造国：德国	枪管长：250毫米（9.8英寸）
年份：1941	枪口初速：381米/秒（1250英尺/秒）
口径：9毫米（0.35英寸）	供弹方式：32发弹匣
工作方式：自由枪机式	射速：500发/分钟
全长：860毫米（33.8英寸）	射程：150- 200米（492- 656英尺）
重量：3.87千克（8.5磅）	

▲ **MP41型冲锋枪**

1942年6月配属于德军中央集团军群第307摩托化警察营

MP41原本的设计意图是作为一款新型步兵冲锋枪来使用，但最终却是被配发给了德国警察部队和纳粹党卫军。它原本和MP40冲锋枪是同一种武器，枪托护木都采用木制。

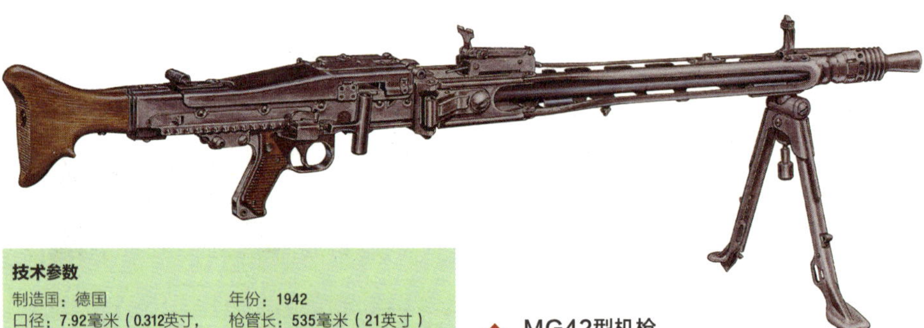

技术参数

制造国：德国	年份：1942
口径：7.92毫米（0.312英寸，使用毛瑟步枪弹）	枪管长：535毫米（21英寸）
工作方式：气冷、后坐式	枪口初速：800米/秒（2650英尺/秒）
全长：1220毫米（48英寸）	供弹方式：50发或250发弹链
重量：11.5千克（25.35磅）	射速：1200发/分钟
	射程：3000米（9842英尺）以上

▲ **MG42型机枪**

1942年5月配属于德军中央集团军群第4集团军第331步兵师

MG42因其高射速和便于运输的特性而出名。与前代同类枪械MG34相比，它更易于大批量制造。MG34一直生产至二战结束才告停产。

斯大林格勒战役 1942年8月–1943年1月

希特勒征服东方的妄想随着德军第6集团军在斯大林格勒被苏军包围并最终被全歼而灰飞烟灭。这也昭示了纳粹德国灭亡的开端。

斯大林格勒这座位于伏尔加河岸边的工业城市以苏联领袖之名命名。它并非德军入侵苏联必然要攻打的主要目标——而只有阿道夫·希特勒（1889–1945）的脑袋里才不这么想。尽管斯大林格勒是一处重要的制造业中心，夺取这里对于德国来说却并非就能决定德国最终是胜利还是失败；然而，希特勒却决意要夺取这座城市。

当德国人的攻势于1942年春天开始时，希特勒将强有力的兵锋直指高加索地区并指令这次攻势中的部分部队（主要是由弗里德里希·保卢斯（1890–1957）率领的第6集团军）攻占斯大林格勒。激战持续达数月之久，德军也确实索得了斯大林格勒的大部分地区，但他们随即就发现自己遭到苏军包围。保卢斯请求突围，但希特勒拒绝了。

纳粹德国空军司令赫尔曼·戈林（1893–1946）表示他可以通过空投为被包围的第6集团军提供补给，但是德国空军飞机只能提供维持第6集团军继续作战所需全部给养的一小部分。德军曾尝试发动地面进攻来给城里的被围德军解围，但是被苏军所击退。由此，第6集团军的覆灭命运就此注定。希特勒希望保卢斯能够战至最后一兵一卒，因此提升其为陆军元帅。希特勒意识到，从未有如此高军衔的德国指挥官被生俘过。与希特勒的希望恰恰相反，保卢斯选择了向苏军投降，他与超过9万名原来归他领导的士兵一同被关进了战俘营。斯大林格勒所发生的灾难总共造成了超过70万德军伤亡。围困和战争造成的饥荒、死亡和破坏使得斯大林格勒变成了一片废墟。经历过那些在破碎的街道上作战或者是逐屋争夺战的德军士兵把这种可怕的经历称之为“Rattenkrieg”，意即“老鼠战”。而在这期间，狙击手则一直构成威胁——这是一种隐蔽在街角或者下一道门后面的看不见的威胁。冲锋枪、托卡列夫手枪、莫辛纳干或者毛瑟Kar98k狙击枪一道统治着斯大林格勒的瓦砾堆。

技术参数

制造国：苏联	枪管长：266毫米（10.5英寸）
年份：1941	枪口初速：490米/秒（1600英尺/秒）
口径：7.62毫米（0.30英寸，使用苏制弹药）	供弹方式：35发弹匣或71发弹鼓
工作方式：自由枪机式	射速：900发/分钟
全长：838毫米（33英寸）	射程：120米（394英尺）
重量：3.64千克（8磅）	

▲ **PPSh–41波波莎冲锋枪**

1942年9月配属于苏军斯大林格勒方面军第62集团军第284步兵师

这款大批量生产的PPSh- 41冲锋枪的枪管经过了衬铬处理，以降低其磨损。其弹鼓可装填71发子弹。

苏制PPSh-41和德制MP40冲锋枪在斯大林格勒的战斗中很常用。为了进行大规模制造，PPSh-41冲锋枪的零件个数得到了最大化的精简；其零件为冲压制造，可在数小时内组装完毕并装备整编师规模大小的苏联红军部队。正如PPSh-41一样，开放式枪机、反冲式的MP40冲锋枪也是大批量制造的产品。整个二战期间，属于MP40枪族的各种枪支总产量突破了100万支。MP40冲锋枪使用的是9毫米（0.35英寸）口径卢格手枪弹，而其射速则高达500发/分钟。虽然在实际使用中，一个老练的枪手可以利用MP40那相对较低的射速，通过小心翼翼地操纵击锤动作来达到让该枪做出单发射击的动作，但理论上MP40冲锋枪却还是只有全自动发射这一种模式可用。该枪采用32发容弹量的可拆卸式弹匣供弹，也可使用64发容弹量的双排弹仓。

MP40冲锋枪所属的系列枪族可向前追溯长达20年之久。它是MP38冲锋枪的后继型号，其出现主要是为了满足快速生产制造的需要，而且利用了冲压件的便捷生产优势。这款枪械综合了几种不同枪械的相关设计，但是其主要设计者和推动者是海因里希·孚尔默（1885-1961）。他还参与了广为流传的MG34步兵机枪的设计研发工作。

MP40原计划的配发对象为德国陆军分队长或者排长一级的指挥官、空降部队也将分得MP40总产量中很大的一部分，此外该枪还将装备在狭小密闭空间内的作战人员，譬如装甲车辆的成员。但是，在斯大林格勒战役期间，德军班排一级的小队遇到的苏军

▲ 托卡列夫SVT-40半自动步枪

1942年9月配属于苏军斯大林格勒方面军第62集团军第35近卫步兵师

该枪由托卡列夫（1871-1968）设计，于1940在其前辈SVT-38停产后开始生产。SVT-40采用10发容弹量的弹匣供弹，在二战期间该枪总产量突破了150万支。

技术参数

制造国：苏联	枪管长：610毫米（25英寸）
年份：1940	枪口初速：840米/秒（2755英尺/秒）
口径：7.62毫米（0.30英寸）	供弹方式：10发可拆卸式弹匣
工作方式：气动式	全长：1226毫米（48.27英寸）
射程：500米（1640英尺）	射程：500米（1640英尺）

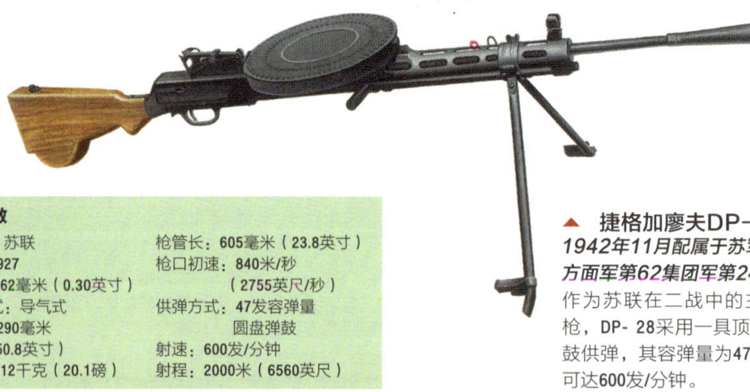

▲ 捷格加廖夫DP-28轻机枪

1942年11月配属于苏军斯大林格勒方面军第62集团军第244步兵师

作为苏联在二战中的主要步兵轻机枪，DP-28采用一具顶置式的圆盘弹鼓供弹，其容弹量为47发，该枪射速可达600发/分钟。

技术参数

制造国：苏联	枪管长：605毫米（23.8英寸）
年份：1927	枪口初速：840米/秒（2755英尺/秒）
口径：7.62毫米（0.30英寸）	供弹方式：47发容弹量圆盘弹鼓
工作方式：导气式	射速：600发/分钟
全长：1290毫米（50.8英寸）	射程：2000米（6560英尺）
重量：9.12千克（20.1磅）	

部队全数配备有PPSh-41冲锋枪，因此在火力上遭到苏军压制。随着东线战场上的战争继续进行，纳粹国防军已经变得习惯于模仿苏联方面的武器配备模式来装备德军更高一级人数规模的队伍。数挺德国机枪的全部火力配备给比班排一级更大规模的部队才能弥补这种火力的不足。

MP40总体上被认为是一种可靠的武器，在二战西线战场上缴获这款冲锋枪的美英士兵往往也会将其投入使用。然而，有时候这款枪的32发容弹量的弹匣会出些问题。士兵们会经常用一只手握住弹匣以保存枪械姿态稳定，这会导致供弹出现问题。尤其是脏污和残渣进入枪膛的时候更是如此。向前折叠的枪托使得这款冲锋枪更为便携，但是却不便于长时间使用。

德军部队也使用火焰喷射器来消灭斯大林格勒城内孤立的抵抗点。他们向房屋和下水道内喷射火焰。35式火焰喷射器于战争早期装备德军部队，到了战争后期就换装成了41式火焰喷射器。41式火焰喷射器采用并排式双燃料桶设计，喷射距离为25–30米（82–98英尺）。41式火焰喷射器的喷头和开关手柄部分经过了改装，其形制很像步兵使用的步枪。这是为了避免操作火焰喷射器的士兵招来敌方集中火力的重点“照顾”。

技术参数

制造国：德国	枪管长：248毫米（9.75英寸）
年份：1940	枪口初速：395米/秒（1300英尺/秒）
口径：9毫米（0.35英寸）	供弹方式：32发弹匣
工作方式：反冲式	全长：枪托展开时832毫米（32.75英寸）；枪托折叠时630毫米（24.75英寸）
重量：3.97千克（8.75磅）	
射速：500发/分钟	射程：70米（230英尺）

▲ **MP40冲锋枪**

1942年9月配属于德军B集团军群第6集团军第44步兵师

该枪易于制造且非常坚固耐用，即便是在东线严酷的冬季气候下依然如此。该枪一直被长期延期服役至20世纪90年代。

技术参数

制造国：德国	燃料容积：11.8升（2.6加仑）
年份：1941	喷射持续时间：10秒
重量：35.8千克（79磅）	喷射射程：25- 30米（82- 98英尺）

▶ **41式火焰喷射器**

1942年9月配属于德军B集团军群第6集团军第389先锋营

德军在斯大林格勒战役中装备了火焰喷射器以扫荡房屋、强力固守点甚至于那些躲藏在下水道里顽强抵抗的苏军士兵。通过喷射添加了助燃剂的燃料，该武器不仅能烧死受害者，还能通过耗尽密闭空间内的氧气来杀死敌军。

东线战场 1943-1945

随着德军在斯大林格勒遭到灾难性的失败，德国人在东线的好运就此无可挽回地逆转过来。苏联红军从重建的新工业设施生产力和由乌拉尔山以东调过来的齐装满员的步兵师中获得力量去打击纳粹。

一战东线的战争漫长而残酷。希特勒告诉他的人民，东方的土地将提供（新的）生存空间。然而，到1943年，非常明显的事实是，纳粹德国国防军连德意志第三帝国自己的边境都将不能保卫。苏联红军部队在卓越的将领们的率领下，将把德军从俄国的土地上赶出去并有解放东欧地区的趋势。这些将领包括朱可夫元帅（1896–1974）、罗科索夫斯基元帅（1896–1968）、科涅夫元帅（1897–1973）。东欧将在接下来的半个世纪中处于苏联的控制之下。

正当苏联红军在所有战线上向前推进的时候，斯大林在他的高级将领中开始制造互不信任和竞争。这是为了防止他们在苏联人民中获得过多的敬意或者威胁到斯大林自己对国家和红军的铁腕掌控。在斯大林格勒战役这个转折点过去两年之后，苏联红军已经解除了德军对列宁格勒的围困、解放了乌克兰首都基辅并杀死或活捉了数十万德军。争夺柏林的战斗则从1945年4月中旬一直持续到5月初。当战争终曲奏响的时候，希特勒早已在他位于柏林地下的地堡里自杀身亡了，柏林此时已经变成了一片废墟。

▲ **莫辛纳干1891/31步枪狙击型**

某苏军狙击手。他装备着一支莫辛纳干1891/31型步枪，枪上加装了一只4倍放大倍率的PE光学瞄准具。他穿着全套的冬季迷彩伪装服。

从库尔斯克到柏林：红军 1943-1945

红军就像浴火重生的凤凰，从1941年失败的灰烬中重新崛起，在二战结束时成了世界上最大最强的陆军力量。

到1943年夏，红军已经在东线战场上获得了控制权，把纳粹国防军向西驱赶远达数百公里。在库尔斯克市（该地位于莫斯科以南450公里，即约合280英里）附近，苏联红军强行攻击前进，这造成了一个巨大的战略突出部，或者说一个是“楔子”。德军发现了这个把数千苏军部队及其坦克在这个突出部“包饺子”的机会。通过消灭这个突出部，他们还能一举两得地拉平并缩短自己的战线。

1943年7月，德军发起了进攻。有史以来最大规模的装甲集群战役由此爆发。在南线，德军向普罗霍罗夫卡推进。在那里由此爆发了一场装甲部队、德军装甲掷弹兵、使用自动武器的苏军之间的大混战。当苏联人动用其装甲预备队参战之时，希特勒认识到这次攻势是个失败并停止了进一步的行动。

正如早先所提到的那样，苏联人称1944年为“十次胜利之年”以纪念一系列攻势行动的胜利。正是这些胜利在1945年春天把苏联红军一路送到了柏林城下。其中有两次行动从中脱颖而出。1944年初，一次进攻行动终于给列宁格勒解了围。这场对列宁格勒的围困前后共持续900天，总共造成超过100万平民死亡。1944年年中，巴格拉季昂行动终

图拉-托卡列夫TT33手枪

1943年7月配发给苏联红军东部方面军第33集团军第144步兵师使用

这是一种可靠而耐用的武器，口径为7.62毫米（0.30英寸）。它由早期型的TT30手枪改进而来，而TT30手枪的总产量超过了200万支。TT33手枪的外边框、枪管和击锤都经过了改进。

技术参数

制造国：苏联	枪管长：116毫米（4.57英寸）
年份：1933	枪口初速：415米/秒（1362英尺/秒）
口径：7.62毫米（0.30英寸，使用苏制弹药）	供弹方式：8发可拆卸式弹匣
工作方式：枪管短后坐式	全长：194毫米（7.6英寸）
射程：30米（98英尺）	重量：0.83千克（1.83磅）

莫辛纳干M1938型卡宾枪

1944年配属于苏联红军东部方面军第10集团军第330步兵师

该型步枪是莫辛纳干M91/30步枪的短管卡宾枪版。它于1938年完成设计并接受测试，但直到1939年才开始生产。其设计中不包括安装刺刀的功能。

技术参数

制造国：苏联	枪管长：510毫米（20英寸）
年份：1938	枪口初速：800米/秒（2625英尺/秒）
口径：7.62毫米（0.30英寸）	供弹方式：5发内置弹仓
工作方式：旋转后拉枪机	全长：1020毫米（40英寸）
射程：500米（1640英尺）	重量：3.45千克（7.62磅）

1943年时的苏联步兵旅人员及其装备	
人员类型	人员数量
军官	58
军士	193
其余军衔人员	677
冲锋枪	126
旋转后拉枪机步枪	220
半自动步枪	403
轻机枪	36
中型机枪	12
重机枪	0
反坦克步枪	8
反坦克迫击炮	7
50毫米（2英寸）迫击炮	12
82毫米（3.2英寸）迫击炮	0
120毫米（4.7英寸）迫击炮	0
45毫米（1.8英寸）反坦克炮	0
76毫米（3英寸）炮	0
马匹	89

于摧毁了德军中央集团军群并赶在苏联红军推进到德国本土之前赶走了苏联领土上的最后一支德军。

1945年1月苏联沿着维斯瓦河以及奥得河展开的攻势最终打开了经由东普鲁士和西里西亚通往柏林的道路。到四月中旬，朱可夫的白俄罗斯第1方面军和科涅夫的乌克兰第1方面军已经压到柏林郊区。到5月2日，红军部队已占领帝国总理府并在这座已被击败的城市上空升起了苏联红旗。苏联人付出了惨重的代价才赢得胜利，据估计总计约有2000万苏联军人和平民死亡。

当苏联装甲部队隆隆驶过柏林大街的时候，步兵为坦克提供支援，以防御德军的“铁拳”和“坦克杀手”小组并扫荡仍在抵抗的孤军。一些苏联红军战士手中拿的是托卡列夫SVT-40半自动步枪。这是一款导气式的半自动步枪。其设计则是基于托卡列夫（1871-1968）于1930年左右发明的一种设计方案。

SVT-40步枪是其前辈SVT-38步枪的后继者，SVT-40使用的是苏制7.62毫米（0.30英寸）弹药。该枪采用10发可拆卸式弹匣供弹，于1939年夏在图拉兵工厂开始生产。二战中，一共生产了150万支SVT-40步枪。而在1939年至1940年的冬季的苏芬战争中，则生产并向苏军部队下发了约15万支SVT-38步枪。与绝大多数苏制轻武器不同，SVT-38步枪的制造精度很高，这也导致成本过高无法普及。

▶ **警惕的卫兵**

1945年4月，一名来自乌克兰第1方面军的下士手持PPS-43冲锋枪，在柏林郊区的攻击推进中暂停下来承担警戒工作。

▲ 托卡列夫AVT-40自动步枪

1943年7月配属于苏联红军库尔斯克方面军下辖的第11近卫集团军第5近卫摩托化步兵师

托卡列夫AVT- 40步枪是SVT- 40半自动步枪的全自动改型。它的弹仓只有10发的容弹量（但据说也有15发或20发专业弹匣），因此限制了其可用弹药数；而且其在作战时的表现并不稳定。

技术参数

制造国：苏联
年份：1940
口径：7.62毫米（0.30英寸）
工作方式：导气式
射程：500米（1640英尺）
枪管长：610毫米（25英寸）
枪口初速：840米/秒（2756英尺/秒）
供弹方式：10发可拆卸式弹匣
全长：1226毫米（48.27英寸）
重量：3.9千克（8.6磅）

▲ PPS-43冲锋枪

1943年8月的奥廖尔攻势中，苏联红军第11近卫集团军第31近卫步兵师曾使用过该枪

PPS- 43冲锋枪是早先PPS- 42型冲锋枪的改进产物，其原型是在被围困中的列宁格勒设计并制造出来的。值得注意的是，这种武器是成功的，并在苏联军队中服役达数年之久。

技术参数

制造国：苏联
年份：1943
口径：7.62毫米（0.30英寸，使用苏制弹药）
工作方式：反冲式
重量：3.36千克（7.4磅）
射速：650发/分钟
枪管长：254毫米（10英寸）
枪口初速：500米/秒（1640英尺/秒）
供弹方式：35发可拆卸弹匣
全长：820毫米（32.3英寸）
射程：100米（328英尺）以上

▲ SKS半自动步枪

1945年配属于苏联红军白俄罗斯第1方面军第1近卫坦克集团军第12摩托化步兵旅

SKS卡宾枪直到1945年才出现在战场上。这是一款给坦克装甲车乘员和其他需要近战操作武器的人员使用的短枪。作为一款半自动武器，其弹药数量受到10发容弹量的弹匣的限制。

技术参数

制造国：苏联
年份：1945
口径：7.62毫米（0.30英寸）
工作方式：气动短行程活塞传动式
重量：3.85千克（8.49磅）
枪管长：521毫米（20.5英寸）
枪口初速：735米/秒（2411英尺/秒）
供弹方式：10发固定弹匣
全长：1021毫米（40.2英寸）
射程：400米（1312英尺）

然而，到1941年夏季，SVT-40已经被批准下发部队。该枪此时相比前代武器已经进行了一些改进，特别是改造了弹仓卡榫和由一整片木材制成的护木。SVT-40也比SVT-38要轻，而且更易于制造。德军入侵苏联时，相当数量的SVT-40步枪已经列装服役。不过由于过于精密的原因，SVT-40在红军陆军士兵中的故障率较高，但在红海军步兵和敌人（德国人和芬兰人）中却名声不错。

1943年，苏联列装了郭留诺夫SG-43中型机枪，准备用来替换仍在服役的老式马克沁M1910机枪。如同其他苏联机枪一样，虽然也可选用三脚架，但SG-43机枪通常是加装在轮式机枪座上的。这种武器使用7.62毫米（0.30英寸）弹药，射速可达700发/分钟。为其供弹的弹链每条长达200或250发子弹。其射程则为1000米（3280英尺）。二战结束后，SG-43机枪被出口到了共产主义阵营的数个国家。SG-43装弹较为困难，在战场上换枪管也很麻烦。

技术参数

制造国：苏联
枪管长：719毫米（28.3英寸）
年份：1943
口径：7.62毫米（0.30英寸，使用苏制弹药）
枪口初速：850米/秒（2788英尺/秒）
工作方式：气动气冷式
供弹方式：200或250发弹链
全长：1120毫米（44.1英寸）
射速：500- 700发/分钟
重量：13.6千克（29.98磅）
射程：1000米（3280英尺）

▲ **郭留诺夫SG-43中型机枪**

1944年6月配属于苏联红军白俄罗斯第2方面军第15集团军第238步兵师

SG- 43中型机枪于1943年列装苏联红军部队，开始服役，以替代脆弱的马克沁M1910型机枪。SG- 43经常被加装在两轮可移动式机枪座或者是三脚架上。

技术参数

制造国：苏联
年份：1943
重量：22.7千克（50磅）
容积：9升（5加仑）
喷射持续时间：8-10秒
喷射距离：23- 27米（75- 89英尺）

◀ **ROKS-3火焰喷射器**

1944年6月配属于苏联红军第15集团军第64工程兵旅

ROKS-3型火焰喷射器是一种基于ROKS-2火焰喷射器的适于战时生产的改型。其设计目的就是为了便于批量生产，为增加其喷射距离，还特意改进和运用了更加黏稠的燃料。

撤退与战败：德国陆军 1943-1945

二战东线战场上第三帝国的"诸神黄昏"始于1943年。德军在斯大林格勒和库尔斯克被击败之后，随之而来的就是苏联红军无情的进攻行动。红军除了偶尔遭遇暂时的退却之外，最终还是摧毁了德军的抵抗力量。

德国人向二战整个东线战场的大漩涡里投入了难以计数的纳粹国防军、党卫军部队和大量的轻重兵器。这些军团装备着德国最好的坦克，譬如五号"豹式"坦克、六号"虎式"坦克。他们还动用了党卫军中最为精锐的步兵和装甲军团、数千门可靠的88毫米（3.5英寸）防空高炮。实战证明，这些88毫米炮在被当作反坦克炮使用时威力巨大。德军还装备了史上首款实战型突击步枪。到1943年底，所有这些努力既没有稳定住东线战场的局面，更谈不上扭转战局了。

德军在斯大林格勒的失败和在库尔斯克坦克大会战中的失利将主动权完全交到了苏军一方手中。虽然德军还时而发动成功的反扑行动，但于大局无损。这些胜利只是暂时的"皮洛士式"的胜利[①]。由于缺乏部队和原物料，这些胜利都不长久，德军未能利用这些胜利取得任何进展。德军被苏军一次又一次地"放血"至虚弱苍白的地步。

1944年时，苏军稳步向德国边境推进。到1945年春，他们已经开进了华沙、布拉格和维也纳，解放了东欧各国的首都和主要城市。这迫使德国人不得不征召由老弱组成的"人民暴风突击队"和由男童组成的"希特勒青年团"以"保卫祖国"。

随着苏联红军无可抗拒地一路向西开进，希特勒开始患上了妄想症。他往往要求那些在残酷的战斗中已阵亡了的"幽灵军团"来发动反击。德国的将军们也常向元首呈情，要求从孤立无援的暴露地带撤军以避免无谓的人力和资源方面的损失。然而，希特勒要求这些部队坚守阵地，战斗到底。有些时候，这样的命令被无视了，在没有元首训令的情况下，有些部队撤了下来。

在南方，数千德国和罗马尼亚部队被苏军困在了克里米亚并在数月时间内毫无用武之地。希特勒下令塞瓦斯托波尔要塞德军战斗至最后一发炮弹用尽之时；但由于苏军

▶ 瓦尔特PPK手枪

1944年6月配属德军B集团军群下辖的第15集团军第84步兵师

双动式枪机的PPK手枪[②]比其他任何型号的瓦尔特PP系列的手枪都要小巧，其原始设计用途为供警察使用。它易于被藏匿起来并快速掏出、开火。

技术参数

制造国：苏联	工作方式：反冲式
年份：1931	枪口初速：290米/秒（950英尺/秒）
口径：7.65毫米（0.301英寸）	供弹方式：7发弹匣
枪管长：80毫米（3.15英寸）	射程：30米（98英尺）
重量：0.59千克（1.3磅）	
全长：148毫米（5.8英寸）	

① 意即虽胜尤败、代价巨大的惨胜。
② 即警用刑事手枪，Polizei Pistole Kriminalbeamte。

分队行动
1945年初，一支德军分队小心翼翼地行进在德国北部某地，他们主要装备的是毛瑟Kar98k步枪。

的快速推进，这种坚守的努力显然是不现实的。所有能从塞瓦斯托波尔被撤出来的轴心国部队都经由海路撤离至罗马尼亚位于黑海之滨的城市康斯坦察。战斗中，总计约有10万名德国和罗马尼亚士兵阵亡。

苦于人力不足和武器装备的严重短缺，二战东线战场的德军有时候会被编成“火力旅”。他们通常用作快速反应部队，前往苏军突破德军战线的缺口处“堵漏”，四处忙于充当“机动救火队”的角色。虽然这种策略确实是出于实际战争需求才产生的，因而有其合理性，但它也将德军拖垮在了漫长的消耗战之中。

柏林战役发轫于1945年4月中旬，在五月的第一周内就结束了。红军在使用大炮对柏林进行数周炮击、一个街区又一个街区乃至一幢房屋又一幢房屋地进行血腥的近距离战斗之后，终于占领了这座德国首都。红军为征服柏林付出了惨重的代价。在攻占柏林之前的为期两周的战斗中，苏军自身遭到的损失共计超过了36万人。同一时期内，德方至少12.5万人死亡，其中超过两万人是平民。到柏林陷落时，由于惧怕苏军的报复，绝大多数纳粹高官已经自杀或者试图逃亡到西方盟军控制区。

战时武器的发展改进

二战东线所发生的战争已经变成了先进轻武器技术的试验场。步枪、突击步枪、冲锋枪、机枪和反坦克武器都在战场上得到评估并得以改进、废弃不用或是被简化以便于大批量生产。单兵火力得到显著增强，其中德国人的一些发明创造对步兵武器的发展贡献良多。

战时制造的42.5万支StG-44突击步枪中的大部分被送往了东线战场。很多武器专家认为，StG-44是第一款被用于实战的突击步枪。但其研发工作遭到了希特勒的干扰而进展缓慢，是否继续研发也曾一度值得令人怀疑。正如前文所提到的，突击步枪早期的研制工作继续秘密开展。为掩人耳目，该项目一开始被称为42型（机）卡宾枪①；随后又改称43型冲锋枪（MP43）和44型冲锋枪（MP44）。但最终的项目成果是StG-44突击步枪，德语“Sturmgewehr44”字面直译为“44式‘暴风雨’步枪”。实际上，据报道，希特勒在试射了这种最初他曾表示反对的武器后，亲自将其命名为StG-44。在一次会议上，希特勒曾经询问一些从东线战场前线回来的将军们有何急迫需求。其中有位将领回复说，如果能得到更多新式的自动武器

① 即所谓的“手提轻机枪”—Mkb42。

的话将对战局很有好处。元首对他曾反对的这个武器研发项目仍在偷偷摸摸地开展表示震惊，但随后勉强默许。StG–44继续研发，最终在单兵轻武器领域掀起一场革命，启发一代新武器的研制。

德国人突击攻关研发半自动步枪的努力则不那么成功。精确度很高的气动式G41步枪是由瓦尔特兵工厂设计的。尽管其生产成本高、耗时长，却还是得到了部分订单。德国士兵对他们在巴巴罗萨计划中遭遇到的又一种半自动步枪——苏制托卡列夫STV–40半自动步枪——印象深刻。瓦尔特研究了德军缴获的SVT–40步枪并发明了一种与这种苏联武器相似的导气系统。G41那高昂的制造成本使得其实际可用性较差；特别是等到了1943年秋开始生产G43步枪的时候，德国遭遇了严重的原料短缺，这更使得制造成本的问题雪上加霜。它最终只在战争的最后两年才被配发给了相对少数的德军部队。G41及其后继型号G43步枪一共只生产了略多于52万支，其中包括5万支狙击步枪改型，这种狙击改型步枪装配了一只狙击瞄准具。

虽然不论自动还是半自动步枪都是有效的战斗兵器，德国工业的生产力还是未能造出足够多的这类武器以避免其最终在二战中的失败。这个结论似乎对于二战中德国人造出的其他各种武器也是同样适用的。轻武器、装甲车、坦克、飞机和火箭飞弹确实是由德国的工业基地造出来的产品。但是，这些研制项目的管理不善、缺乏来自纳粹高层的支持、惊人的高昂费用却阻止了力量的天平倒向轴心国一方。

技术参数

制造国：德国	枪管长：418毫米（16.5英寸）
年份：1943	枪口初速：700米/秒（2300英尺/秒）
口径：7.92毫米（0.312英寸）	供弹方式：30发可拆卸式弹匣
工作方式：自由枪机式	全长：940毫米（37英寸）
射速：550- 600发/分钟	射程：约300米（984英尺）
重量：5.1千克（11.24磅）	

▲ **“43式冲锋枪”（MP43）**

曾于1945年3月配发给德军中部集团军群第1坦克集团军下辖党卫军第20爱沙尼亚人掷弹兵师

MP43冲锋枪和StG- 44突击步枪是同一种武器，StG- 44研制项目被安上了“冲锋枪”的名目以便躲过希特勒的注意和他对该研制项目的拒不批准。

▲ **StG–44步枪**

1945年3月曾被配发给德军中部集团军群第17集团军第6国民掷弹兵师

StG- 44可能会被认为是第一款正式实用于战场的真正的突击步枪，是全世界未来新一代步兵自动武器的鼻祖级装备。

技术参数

制造国：德国	年份：1944
口径：7.92毫米（0.312英寸，使用短药筒弹药）	枪管长：418毫米（16.5英寸）
	枪口初速：700米/秒（2300英尺/秒）
工作方式：导气式	供弹方式：30发可拆卸式弹匣
射速：550- 600发/分钟	全长：940毫米（37英寸）
重量：5.1千克（11.24磅）	射程：约400米（1312英尺）

第六章

第二次世界大战：太平洋战场

日本在亚太地区的扩张受其国内的军国主义思潮的驱动，
同时也受到了因土地和原料短缺而
不能维持其人口这种压力的推动。
20世纪早期，
日本就在亚洲取得了优势地位。
以西方国家为模板，日本的军力持续稳步增长。
到20世纪30年代，日军已经征服了中国华北地区的大片领土；
日本也渐渐陷入了与美国的逐渐增强的摩擦之中。
而美国是能抵御日本在本地区
所进行的扩张行动的唯一力量。
美国于1941年12月7日日本偷袭珍珠港后对日本宣战。
而到了这个时候，
日军已经装备了现代化的武器也得到了良好的训练。
这些在日本制造的武器有许多已经达到了很高的精度水平。

“汤米”枪[①]

1945年，美国海军陆战队第1师的一名战士正在用汤普森冲锋枪圈定瞄准一名日军狙击手，其地点在冲绳岛陷阱岭。该士兵的同伴携带的是用作班组支援武器的勃朗宁自动步枪。

① 即汤普森冲锋枪。

导言

二战太平洋战争的范围横跨整个东南亚、广袤无垠的中国、位于北极圈内的阿留申群岛以及偏远的太平洋热带岛屿。在战士们经历着难以想象的艰难困苦的同时，他们随身携带的轻武器也面临着最严酷的使用环境的考验。

1941年12月7日，星期天，日本不宣而战偷袭了美军太平洋舰队锚地珍珠港。瓦胡岛上的其余设施以及整个亚洲范围内的一些舰队设施都在数小时内相继遭到攻击。日军发动袭击的目的在于掌握太平洋上的主动权，扩张日本帝国的范围，同时维持帝国对于特别重要的关键领地：通过条约割让、委任统治托管获得以及军事行动强占的那些土地的控制和统治。这些地区都是在最近这50年里逐步获得的。日本宣传部门人员竭力鼓吹的理念是“亚洲是亚洲人的亚洲”。他们所创造的所谓“大东亚共荣圈”实际上只是一个虚假的政治姿态，希望借此清除西方在亚太地区的影响。实际上，所谓“亚洲是亚洲人的亚洲”的真实含义是“日本人统治和剥削下的亚洲”。

旭日旗的突击

日本陆军从1931年起就活跃在中国的土地上。随着敌对行动的爆发，训练有素的日军创造了一连串的胜利。香港于1941年圣诞节陷落。日军的铁蹄滚滚向前，进攻一直持续到1942年春。在菲律宾，由道格拉斯·麦克阿瑟将军（1880–1964）率领的美菲联军被日军压缩到了位于巴丹半岛上的一小块地方，被迫开始构筑防御圈。随即，巴丹半岛失守，美军逃到科雷希多岛要塞。1942年5月，科雷希多岛上的美军有条件投降，超过10万人被俘。

在马来半岛，日军无情地朝着英国人的新加坡要塞碾压过去。他们迅速包抄并击溃了英军和英联邦部队。新加坡于1942年2月15日陷落。英军在新加坡的最高指挥官白思华中将（1887–1966）与12万英军将士一道被俘。日军占领缅甸，并以缅甸为基地，对印度这颗“大英帝国皇冠上的钻石”发动入侵，构成了巨大的威胁。

在太平洋和印度洋上，日本帝国海军看上去似乎无懈可击。偷袭珍珠港后仅仅3天，日本海军飞机就击沉了英国战列舰威尔士亲王号和战列巡洋舰反击号。这两艘海军舰艇本来是英国派往东方来加强新加坡和马来半岛防御力量的。偷袭珍珠港计划的制定者海军大将山本五十六（1884–1943）早已经警告日军大本营说：“6个月内，我在太平洋上能够气焰嚣张，但是6个月以后的事情连我也不能给你们大本营任何保证”。山本大将的预判几乎到他预言截止那一天都是对的。到1942年6月，就在美军“菲律宾大溃败”整整一个月后，美国海军击败了日军妄图夺取中途岛的豪赌。中途岛离夏威夷不足1770公里（1100英里）。中途岛战役的胜利是二战太平洋战场局势的转折点。自那次战役之后，美军就消灭了日军在航母、舰载机和老牌飞行员方面的优势。然而，通往东京的岛屿之路却依然漫长而代价高昂。海上的胜利必须有陆上的胜利相协同。

丛林战和蛙跳夺岛

1942年8月，美军登陆位于所罗门群岛的瓜达尔卡纳尔岛。日军在岛上坚守了6个月之久才最终撤离。英联邦军队坚守住了中

▲ **丛林战士**

美国海军陆战队的战士们正在相机前摆好姿势。拍摄地点位于所罗门群岛布干维尔岛上的热带雨林中，时间是1943年。照片中大多数人手中的武器是M1伽兰德步枪；也有一些人拿的是春田M1903步枪或者M1卡宾枪。这些枪械在丛林战中都被广为使用。

缅印战区和新几内亚岛上的战线。盟军计划于1943年发动南线攻势，麦克阿瑟将军则以胜利者的姿态于1944年秋最终回到菲律宾。美国海军陆战队和陆军部队一同猛冲上岸，英勇战斗，在此前毫不起眼的小岛上艰苦作战。他们的足迹遍布塔拉瓦环礁、塞班岛、贝里琉岛、硫磺岛和冲绳。“蛙跳夺岛战争”的战场遍及整个太平洋，一直延伸至日本本土岛屿附近。

入侵日本本土岛屿

1945年初，盟军参谋们正在仔细考虑整个对日作战中代价最为巨大的一次行动，即入侵日本本土。对于可能造成的盟军伤亡，估计数字从数百人一路飙升至数千人。然而最终，事实证明登陆日本本土毫无必要。投在广岛和长崎的两颗原子弹就解决了问题。具有讽刺意味的是，一场起初使用海量过剩的轻武器在地面上打得你死我活的战争最后就这样以人类历史上破坏力最强的原子武器作为其收场。

在太平洋上和亚洲大陆与盟军作战的日军部队装备了各种五花八门的轻武器。这些武器包括：友坂38式和99式步枪；11式和96式轻机枪；1式、3式和96式重机枪；“百式”冲锋枪。总体上看来，这些武器的制造质量都很好。只是到了战争末期，当美军的集中轰炸已经落到日本工厂头上，而美军潜艇又切断了日本工厂的补给和原料供应线时，它们的质量才显著下降。这些行动使得日本的战争努力趋于无效，最终帮助美军击败了初生的“旭日帝国”。

日本帝国陆军 1941-1945

由于相对于其人口，日本的资源已经非常稀少，日本帝国于是开始将其军队进行现代化改造并试图开始在亚洲进行扩张。这种扩张的主要工具就是日本军国主义的战争机器，它可与西方列强的力量相媲美。

征服了亚洲大陆广大地区和太平洋各地的日军士兵大约只有1.6米（5.3英尺）高。他们受到一种信念的蒙蔽，即：日本人是一种比别的民族更为优越的民族，为天皇服役，尤其是为天皇尽忠在作战中阵亡是一件光荣的事。他们接受武士道信条的训练，武士道强调战斗到死是士兵的职责所在。投降不在考虑选项之列。1943年，美国军队发布了一份题为《日军某些基本战术》的报告。这份报告的内容表明了直面日军的那些美军指挥官对日本人所形成的概念。“从太平洋战场的每条战线上传回来的报告都表明，在达到战役预订目标之前，确实有必要而且也应该完全清除所有日军。以下这些来自于英国方面的材料可以作为日军战术的一些例证：‘当我接到动员令的那一刻起，我就已经为我的祖国献出了生命……你们不能期望我活着归来……’（日军某位士兵的日记）”。被鲜血玷污了的日记的最后一页纸在缅甸被英军缴获。上面字迹潦草地写道：“为天皇陛下三呼万岁”！

狂热的战士

为了遵守武士道，日军士兵毫不犹豫地牺牲自己的生命。他们与其投降而给自己和家人带来耻辱，还不如作战至死。在吉尔伯特群岛的塔拉瓦环礁，守岛的3000日军中，最终被美国海军陆战队生俘的只有17人。为了夺取这个岛礁的控制权，美国海军陆战队队员们浴血奋战76小时才达到目标。在马里亚纳群岛的塞班岛，1944年年中的塞班岛战役后，投降的日军只有900人，而岛上原有日本守军估计约31000人。

一些历史学家认为，日军对盟军战俘所犯下的暴行实际上根源于对武士道的严格遵守。因为，日军士兵自己不愿投降，那么他们以己度人，合情合理地猜想盟军战俘也应该以同样的道德水准来被要求。因而日军残酷地对待盟军战俘以惩罚他们这种投降的不名誉行为。立即处决、强迫劳动、臭名昭著

“94式拳铳”[①]

1942年1月随日本帝国近卫师第4近卫团参加了“麻坡[②]战役”

该枪使用8毫米（0.314英寸）口径的低威力弹药，其原计划适用对象为（装甲）车辆乘员和军官。设计时就考虑到了大批量生产的要求，因而比稍早的14式手枪小巧。

技术参数

制造国：日本	全长：183毫米（7.2英寸）
年份：1934	枪口初速：305米/秒（1000英尺/秒）
口径：8毫米（0.314英寸）	供弹方式：6发弹匣
工作方式：未知	枪管长：96毫米（3.78英寸）
重量：0.688千克（1.52磅）	射程：未知

① 即94式手枪。
② 即马来西亚柔佛州马哈拉尼。

的巴丹死亡行军就是这类行为的代表。

日军士兵在二战期间展现出了极大的勇气和忍耐力。他们经常背着装有武器、弹药、食物和个人物品的背囊，步行极其遥远的距离。这种背囊重量往往超过了27千克（约60磅）。快速调动、隐蔽和伏击被美军战术报告的撰写者确认为日军强有力的战术。但是，当战事似乎陷入绝望境地的时候，日军就会发动“万岁冲锋”。这种情况在日军防守太平洋岛屿的时候曾经出现过。数百名日军士兵（有的时候临行前会喝日本清酒来鼓舞士气）朝着受到战壕保护的美国海军陆战队队员们发动冲锋，根本不管个人安危。其致命结果是可以预见到的，但日本士兵总归以这种方式遵守了自己的信条。当美日开战之时，日本帝国陆军的总军力为51个师共计170万人。随着战争的持续，日军人数膨胀至550万人。

运气的天平倒转，倒向美国一边。大量的日军部队被孤立地遗弃在太平洋岛屿上。他们被盟军的蛙跳夺岛战役所略过不管，从亚洲大陆到岛上的补给线又被切断了。实际上，日本获得战争必需物资的生命线已经被美军潜艇的封锁所掐断。这使得各条战线上日军的作战效率日益遭到侵蚀。

到1945年的时候，日本已经屈服于美军和英联邦军队的武力之下。然而，有那么一小撮顽固的落单士兵，他们拒绝相信自己的国家已经投降；他们逃进菲律宾雨林和太平洋岛屿上其他一些地方的丛林里继续打游击。只有在他们的前战友或者前长官跑来亲自好言相劝之后，他们才肯放下武器、放弃自己的战斗岗位走出丛林。这样的事情一直到20世纪70年代竟然还有发生。

技术参数*

制造国：日本	全长：1120毫米（44.1英寸）
年份：1939	枪口初速：730米/秒（2394英尺/秒）
供弹方式：未知	枪管长：657毫米（25.87英寸）
口径：7.7毫米（0.303英寸，使用友坂弹）	射程：100米（328英尺，榴弹有效射程）
工作方式：旋转后拉枪机	
重量：3.7千克（8.16磅）	* 无榴弹状态下的步枪射程

▲ **装配了2式榴弹发射器的99式步枪**

1942年2月，日军第1独立反坦克营在新加坡武吉知马曾使用过该型步枪

99式和38式旋转后拉枪机步枪都可以加装同一款榴弹发射器。其榴弹有效射程为100米（328英尺）。

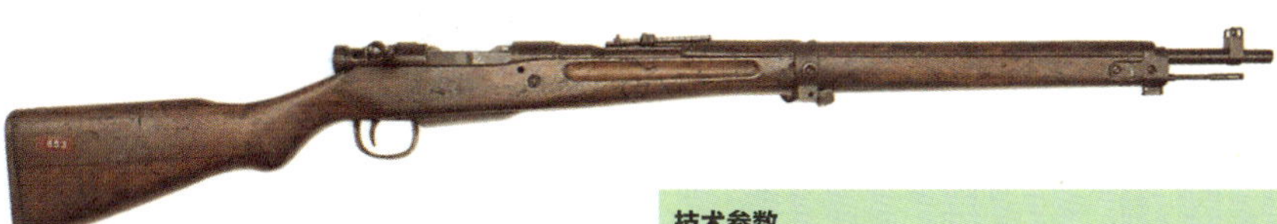

▲ **99式步枪**

1942年1月日军第9步兵旅进攻马来西亚柔佛州峇株巴辖地区时曾使用过该型步枪

99式步枪是一种口径相对而言较大的步枪，原计划用来替代6.5毫米口径的38式步枪。然而，美日战争的爆发打断了全面替换的工作，38式和99式这两种步枪在二战期间都很常见。

技术参数

制造国：日本	全长：1120毫米（44.1英寸）
年份：1939	枪口初速：730米/秒（2394英尺/秒）
口径：7.7毫米（0.303英寸，使用友坂弹）	供弹方式：5发内置弹仓（通过桥夹上弹）
工作方式：旋转后拉枪机	枪管长：657毫米（25.87英寸）
重量：3.7千克（8.16磅）	射程：500米（1640英尺）

日军的轻武器

第二次世界大战期间的日本帝国陆军主要使用两种旋转后拉枪机步枪，即：友坂38式步枪和友坂99式步枪。前者得名于其发明年份明治三十八年，后者则得名于日本天皇纪年2099年。陆军中将友坂成章（1852-1915，发明这些枪械时他还只是个上校）接受了为日军发明一种现代步枪的任务。通常，38式和99式步枪都统称为“友坂铳”。两者的设计都深受德国毛瑟步枪的影响。

38式步枪使用6.5毫米（0.256英寸）友坂弹，但是根据20世纪30年代中日战争的实际经验看来，有必要发明一种口径更大的步枪。所以，99式步枪原计划是用来替换38式步枪的；但这一目标从未完全实现，两种步枪混杂使用，一直服役至二战结束。从1935年到1945年间，99式步枪的产量总计约为350万支。共有9家兵工厂生产99式步枪，其中有7家在日本本土，1家在中国奉天（今沈阳），1家在朝鲜济物浦[①]。

99式步枪采用内置式弹匣，容弹量5发。其上弹方式为使用桥夹装弹。友坂99式

▲ **44式步枪**

1942年11月跟随日军第38步兵师第38工程营参加了瓜达尔卡纳尔战役

这是友坂38式步枪的一种紧凑型改型，这种卡宾枪也称作44式骑枪。它使用标准的友坂弹，但配备的是针式小刺刀。

技术参数

制造国：日本	全长：966毫米（38.03英寸）
年份：1911	枪口初速：685米/秒（2246.8英尺/秒）
口径：6.5毫米（0.256英寸，使用友坂弹）	供弹方式：5发内置弹仓
	枪管长：487毫米（19.17英寸）
工作方式：旋转后拉枪机	射程：400米（1312英尺）
重量：3.3千克（7.28磅）	

▲ **1式重机枪**

配发于1942年4月驻守在菲律宾吕宋岛的日军第16步兵师

1式重机枪是92式重机枪的缩水版，于1941年装备部队，后来成了日军步兵在二战中的主要武器之一。

技术参数

制造国：日本	全长：1077毫米（42.4英寸）
年份：1941	枪口初速：770米/秒（2500英尺/秒）
口径：7.7毫米（0.303英寸，使用友坂弹）	供弹方式：30发装金属供弹盘
	枪管长：589毫米（23.2英寸）
工作方式：气动	射程：1400米（4593英尺）
射速：450发/分钟	重量：31.8千克（70.1磅）

① 今韩国仁川。

步枪使用更大口径的7.7毫米（0.303英寸）弹药；其最显著的外形特征是一具为了在发射时起稳定作用而配备的单脚架和一个防空用的瞄准具。

99式步枪还是第一款使用铬内衬工艺枪管以便更容易地进行清洁工作的步枪。每支步枪上都在枪管位置上带有菊花纹章戳记，表明这是裕仁天皇陛下（1902–1989）的财产。二战结束时，日军投降上缴的很多步枪上，这一标记都被锉掉，以便维护天皇陛下的荣誉。与那些说99式步枪质量低劣的报告相反，实际情况是：二战早期制造的那些99式步枪质量很好，表现优越。而随着原料的日益短缺，日本的工业能力也受到了战争的

技术参数

制造国：日本	工作方式：气冷气动式
全长：1055毫米（41.5英寸）	供弹方式：30发弹匣
年份：1936	枪管长：555毫米（21.75英寸）
口径：6.5毫米（0.256英寸，使用友坂弹）	射速：450- 500发/分钟
枪口初速：730米/秒（2300英尺/秒）	重量：9千克（20磅）
	射程：1000米（3280英尺）

▲ **96式轻机枪**

1942年3月配属于驻爪哇岛的日军第16集团军

日军原计划用96式轻机枪来替换11式轻机枪。96式轻机枪仍然脱胎于法国哈奇开斯机枪的设计蓝本。11式轻机枪的弹斗供弹装置被取消，换成了一只有30发容弹量的弹匣。

▲ **97式狙击步枪**

1944年4月跟随驻守新几内亚新不列颠岛的日军第39旅一同参与了新几内亚战役

作为友坂38式步枪的一种狙击改型，97式狙击步枪使用的仍然是软弱无力的6.5毫米口径的友坂弹。但是这款枪的枪口焰很小，使得敌方不易发现隐藏中的狙击手。

技术参数

制造国：日本	工作方式：旋转后拉枪机
全长：1280毫米（50.7英寸）	供弹方式：5发内置弹仓（使用5发装的桥夹装填）
年份：1937	枪管长：797毫米（31.4英寸）
口径：6.5毫米（0.256英寸，使用友坂弹）	重量：3.95千克（8.7磅）
枪口初速：762.1米/秒（2500英尺/秒）	射程：800米（2620英尺）

影响，枪支质量显著下降。这些情况都与德国枪械的情况如出一辙。因此，战争后期制造的日本步枪以其恶劣表现著称。

日本机枪

日本的机枪设计在20世纪二三十年代深受法国的风格影响。气冷气动式11式机枪发射的是6.5毫米（0.256英寸）弹药，这与38式步枪使用的弹药一致。它采用开放式的漏斗形弹仓供弹，使用5发一排的弹夹装填。尽管这种开放式的设计增加了发射频率，却也使得残渣能够在弹斗和枪械活动部分内积累，经常造成阻塞、卡壳。

到1936年时，以多产著称的枪械设计师南部麒次郎（1869–1949）发明出了96式机枪。它也使用的是6.5毫米友坂弹，采用30发容弹量的可拆卸式弹匣。其射击频率可达500发/分钟。但其易于卡壳的毛病依然未能

▲ **"百式冲锋枪"**
1945年4月配属于冲绳日军第62步兵师
这是日军二战时唯一一款冲锋枪。其表现相比西方同类枪械较逊色，其射速较低，发射的是8毫米（0.314英寸）低威力弹药。

技术参数

制造国：日本	工作方式：自由枪机式
全长：890毫米（35英寸）	供弹方式：30发弹匣
年份：1942	枪管长：228毫米（9英寸）
口径：8毫米（0.314英寸，使用南部弹药）	射速：450发/分钟（1942年）；800发/分钟（1944年）
枪口初速：335米/秒（1100英尺/秒）	重量：3.83千克（8.4磅）
	射程：70米（230英尺）

▲ **92式机枪**
1945年4月随日军第32军团第44独立混成旅一同参与了"冲绳战役"
与早先一代的3式机枪不同的是，92式机枪的口径更大，弹药更重，使用7.7毫米（0.303英寸）弹药。盟军给92式机枪起了"啄木鸟"的外号。

技术参数

制造国：日本	工作方式：气冷气动式
枪管长：700毫米（27.5英寸）	供弹方式：30发金属弹板
年份：1932	射速：450发/分钟
口径：7.7毫米（0.303英寸）	全长：1160毫米（45英寸）
枪口初速：715米/秒（2350英尺/秒）	重量：55千克（122磅）
	射程：2000米（6560英尺）

解决。南部先生给出的解决方法是给子弹涂油润滑，但这种办法不仅未能解决问题，反而使问题进一步复杂化。

整个二战期间均在役的不论是11式还是96式机枪，都脱胎于法国一战以前发明的气冷式哈奇开斯经典款机枪。96式机枪借鉴了一些捷克机枪（ZGB vz.26）设计。顶置式的弹匣使得96式机枪整体重量减轻，其有肋片的枪管也很便于在战斗中进行更换。96式机枪也配备有两脚架以及刺刀座圈。

99式轻机枪发明于1939年，它高度模仿了96式机枪。给机枪上油的机构被取消了，99式机枪发射的是更重的7.7毫米（0.303英寸）弹药。其最高射击频率可达700发/分

日军1942年时的机枪中队

一个标准编制的日军机枪排有4挺92式重机枪。该枪使用的是7.7毫米（0.303英寸）弹药，每枪配备3人的机枪组。然而，实战中人们注意到，很多日军机枪排其实只有2挺机枪。日军的机枪中队（连）编制有两种情况。一种情况下，它包含3个机枪排，每排拥有4挺机枪。另外一种情况下，它包含4个机枪排，每排2挺机枪。92式机枪经常以已经在三脚架上固定完毕的状态运输，以便能将其快速部署到战场上去。

第一机枪排（92式重机枪2挺）

第二机枪排（92式重机枪2挺）

第三机枪排（92式重机枪2挺）

第四机枪排（92式重机枪2挺）

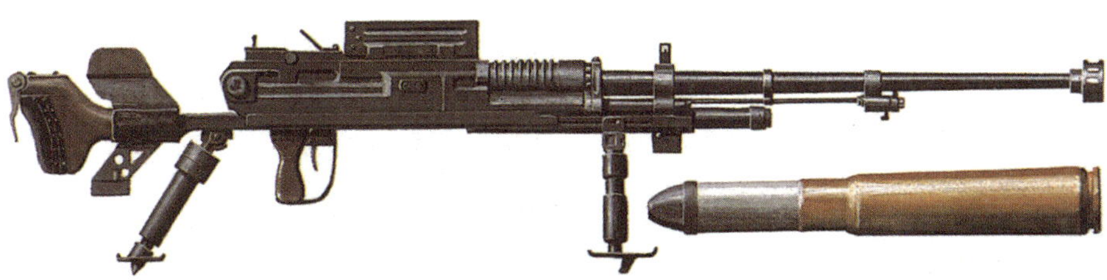

97式反坦克步枪

1945年3月跟随日军第2混成旅团参与了“硫磺岛战役”

该枪后坐力特别巨大，但毫无精确度。其重量很轻，易于运输。该枪发射20毫米（0.79英寸）弹药，采用7发容弹量的弹匣供弹。

技术参数

制造国：日本
枪管长：1200毫米（47.2英寸）
年份：1937
口径：20毫米（0.79英寸）
枪口初速：750米/秒（2460英尺/秒）
工作方式：气动式
全长：2060毫米（81.1英寸）
供弹方式：7发容弹量的可拆卸式弹匣
射程：350米（针对30毫米，即1.18英寸装甲的有效射程为1148英尺）；700米（针对20毫米，即0.79英寸装甲的有效射程为2296英尺）
重量：59千克（130磅）

钟。99式机枪还有一种机载版本，其枪体主要部件可以拆卸。如同96式机枪一样，99式机枪也可以加装光学瞄准镜。

重机枪

日本帝国陆军最主要的重机枪是92式重机枪，它仍然是南部麒次郎基于法国哈奇开斯机枪所改造出来的一款产品。其最容易被辨认出来的特征是其配备的非常特别的三脚架。这种三脚架的支撑脚可以延长，以便于携带和部署。早期型的3式机枪则进行了改进，改进实际上是按照日本从法国购买的哈奇开斯M1914型机枪的生产许可证进行的。这一改进后所制造的92式重机枪于1932年服役。它使用的是7.7毫米（0.303英寸）口径的弹药，采用30发金属弹板供弹，最高射速为450发/分钟。每条弹板过低的弹药数量显著降低了该枪的发射频率。

那些在战场上遭遇到92式机枪攻击的盟军士兵出于他们听见的那种独特的爆裂敲击声，给这种机枪起了“啄木鸟”的绰号。上油的子弹同样使这种机枪遭遇了卡壳问题。一种92式机枪的小型、轻型化改版，即1式机枪于1941年服役，通常用作防空武器。如同3式机枪一样，1式机枪也是安放在三脚架上的；而且1式机枪非常容易辨认，其冷却环十分显眼。

结构紧凑的半自动“94式拳銃”（即南部94式手枪）是由南部麒次郎发明的大批量量产型手枪，目的是用来替换体积较大的14式手枪。其使用对象为空军人员、装甲部队和军官。它使用的是8毫米（0.314英寸）弹药，由6发容弹量的可拆卸式弹匣供弹。从1934年到1945年间，该手枪共生产了超过7万支。

93式火焰喷射器

1945年2月在菲律宾吕宋岛战役中曾随日军第14集团军参战

93式火焰喷射器曾经在日本驻中国的关东军中服役，但是由于中国东北的严寒气候，其使用效率不高。1940年，经过改进后的百式火焰喷射器开始服役。

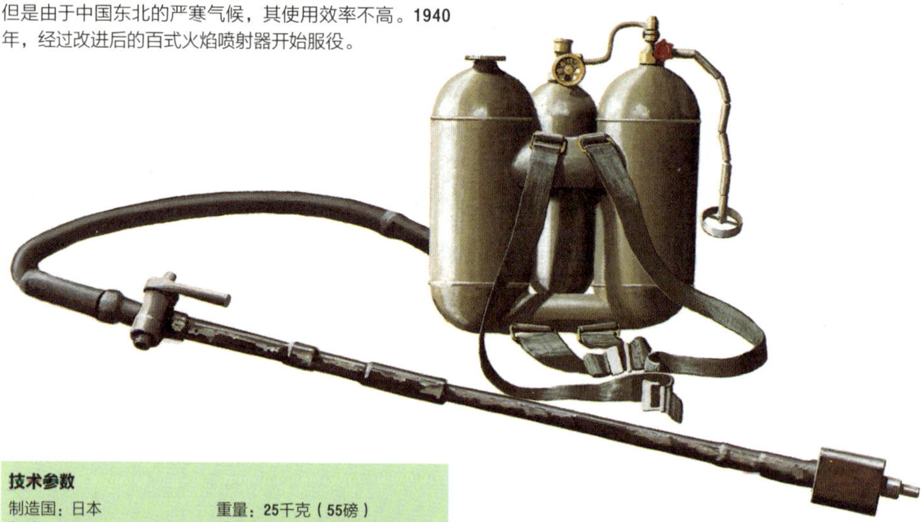

技术参数

制造国：日本	重量：25千克（55磅）
年份：1933	燃料容量：14.7升（3.25加仑）
喷火持续时间：10秒	射程：23- 27米（75-89英尺）

盟军：在缅甸和新几内亚 1942–1944

持续数月的丛林战考验着身处大洋洲新几内亚岛和亚洲本土缅甸地区的日军和盟军双方士兵。在互相厮杀的同时，士兵们还要经受瓢泼大雨的考验和热带疾病的困扰。

一战日军在陆地上的第一次被迫退缩发生在瓜达尔卡纳尔岛上。同一时刻，由道格拉斯·麦克阿瑟将军（1880–1964）率领的主要由澳大利亚和美国军队构成的盟军部队正在新几内亚岛的丛林里与日军战斗。主要战斗则发生在科科达小径沿线，这些战斗的激烈和残酷程度令人难以忘怀，不可原谅。起初盟军的任务是保卫位于新几内亚岛东南端的莫尔兹比港，盟军顶住了日军的来袭，并策划进行了一系列两栖登陆战役和陆地战役。这些战役中，盟军消灭了数千日军，封锁住了日军重新补给的徒劳努力，使得侥幸未死的日军只靠很少量的定额配给品活命，整日陷于饥荒之中。

与此同时，威廉·约瑟夫·斯利姆子爵兼中将（1891–1970）率领英军第14集团军、约瑟夫·史迪威中将（1883–1946）率领的中美联军一同发起了“第二次缅甸战役”。他们决意将日军在1942年势力最大时期之后占领的那些地方都收复回来。他们也确实在密支那、英帕尔、科希马地区取得了战役胜利。在整个中缅印战区，在旅长奥德·温盖特（1903–1944）率领下的英国印度人钦迪特特种部队旅、在美国陆战队准将弗兰克·梅里尔（1903–1955）率领下的美军第5307复合作战单位（一般被称作“梅里尔掠夺者部队”）发起了长途远距离的对日军战线后方的渗透行动，这扰乱了日军的通讯并且使得长时间丛林战的情况下，日军在大范围内的军力失衡。

丛林战所用的武器

在新几内亚和缅甸丛林中进行的残酷作战造成了大量人员和装备的损失。大雨、热浪和长时间的战斗造成武器哑火或者被成批遗弃。为了满足盟军在大范围内对一种更轻更短的李恩菲尔德步枪的需求，李恩菲尔德5号丛林战专用卡宾枪于1944年配发英军士兵。李恩菲尔德5号丛林战专用卡宾枪是李恩菲尔德4号短步枪的一种缩短版本，原计

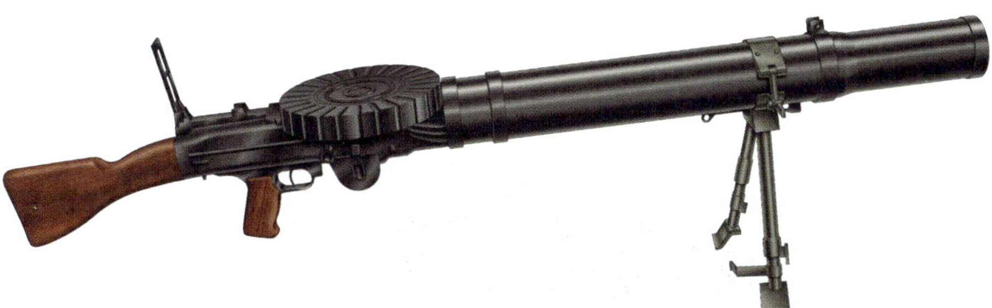

技术参数

制造国：美国	工作方式：导气式
枪管长：665毫米（26.25英寸）	供弹方式：弹鼓供弹
年份：1914	全长：965毫米（38英寸）
口径：7.7毫米（0.303英寸）	射速：550发/分钟
枪口初速：600米/秒（1970英尺/秒）	重量：11.8千克（26磅）
	射程：1000米（3280英尺）

▲ **刘易斯轻机枪**

1943年3月跟随第9澳大利亚步兵师第15澳洲步兵营（驻地昆士兰）一同参与了“新几内亚战役”

由于盟军的布伦机枪和其他各种轻机枪库存短缺，刘易斯轻机枪在二战期间被迫长期服役。该机枪发明于一战期间，装配有气动式操作系统。

澳新军团步兵营编制（1944年的热带地区营）	
作战单位	人数
营部	
团急救站	1
营部连	1
信号排	1
机枪排	1
迫击炮排	1
先锋排	1
管理排	1
坦克攻击排	1
步兵连	4
步兵连连部	
步兵排	3
步兵排指挥部	
步兵班组	3
PIAT（全称：抛射式步兵反坦克系统）	1
50毫米（2英寸）口径迫击炮	1
步兵班组	
布伦轻机枪	1
欧文/澳司登冲锋枪	2
狙击步枪	1

划配发给空降部队使用。

李恩菲尔德5号丛林战专用卡宾枪比4号步枪短10厘米（3.9英寸），轻1千克（2.2磅）。为了达到这样的设计效果，该枪的枪机螺钉插销为钻出外露式，减小了木制部分，重新修改了枪管设计和机械结构总成部分。该枪装配有一块橡胶枪托底板、一只消焰器，能够消除由7.7毫米（0.303英寸）口径弹药产生的巨大后坐力并防止敌军发现开火迹象。

尽管5号步枪能够达到30发/分钟的射速，其精度却很成问题。它的精度缺陷在士兵中臭名昭著，因此士兵们给予它一个专门术语："晃来晃去的零蛋"，意即这种武器根本不能在再次射击时精确地瞄准并打中上回曾打中过的地方。5号步枪由10发装的固定弹匣供弹，使用5发桥夹进行装填。该步枪在1944年至1947年间共制造了30万支。

脆弱的刘易斯

刘易斯机枪是一战的遗产。它是一种气冷式气动机枪，发射7.7毫米（0.303英寸）英国弹药。它采用47或97发装的顶置式弹鼓供弹，射速可达600发/分钟。尽管该枪最初是由美国人设计发明的，但是最终却是由英国人来完善。刘易斯机枪从1913年起开始生产，一直到1953年才停产。就在

技术参数

制造国：新西兰	枪管长：未知
年份：1941	工作方式：气动式
口径：7.7毫米（0.303英寸，英国警用制式弹药）	供弹方式：10或30发弹匣
	全长：1150毫米（44.5英寸）
枪口初速：744米/秒（2440英尺/秒）	重量：7.3千克（16磅）
	射程：910米（2985英尺）

▲ **查尔顿半自动步枪**

1943年9月间随着新西兰第3师参与了所罗门群岛"维拉拉维拉岛战役"

查尔顿自动步枪原本的设计意图是作为盟军太平洋战场上那些轻机枪的补充。它是老旧的李恩菲尔德步枪和李-梅特福德步枪的改进型号之一。

▲ **澳新军团在进攻**

澳新军团登岛作战。1943年9月，在美国海军陆战队的支援下，新西兰第3师所属步兵在所罗门群岛的维拉拉维拉岛登陆。他们大多装备的是李恩菲尔德弹匣式短步枪，而他们乘坐的登陆艇上配备的是刘易斯轻机枪。

英国陆军陆续换装布伦机枪时，还有很多早先制造的老旧的刘易斯机枪仍然参加了太平洋战争早期的战斗。战争初期的机枪短缺情况致使6万多挺刘易斯机枪被下发给常备军部队和英国国土防卫军，另有大批刘易斯机枪通过租借法案由美国提供给英国。

单兵自动武器在丛林战期间则相对较为罕见。而由新西兰人菲利普·查尔顿（1902–1978）所创造性地发明出来的查尔顿自动步枪则是李恩菲尔德和李–梅特福德步枪的半自动改型。查尔顿自动步枪试图补充布伦机枪和刘易斯机枪的产能不足。查尔顿先生所改造的步枪大多都属于19世纪末20世纪初那些年的老旧型号。查尔顿步枪发射7.7毫米（0.303英寸）弹药，采用10发装或者是30发装的弹匣供弹，而这两种弹匣也与布伦机枪的弹匣通用。历史上共制造了两种型号的查尔顿步枪。新西兰版本的这种枪械带有两脚架1只，而且还前置有一个手枪握柄。澳大利亚版的这种步枪则更为轻便，不含以上两种部件。

澳司登冲锋枪则是澳大利亚人对英国司登冲锋枪的一种改进型号。它使用9毫米（0.35英寸）弹药并于1942年进入澳军现役。到二战结束时，澳大利亚一共制造了略少于20000支这种冲锋枪。这种反冲式武器的最高射速可达500发/分钟，采用侧置式28发弹匣供弹。这种弹匣与司登冲锋枪可以通用。然而，在澳大利亚士兵中，澳司登冲锋枪从来也不如欧文（机）卡宾枪那么流行。欧文（机）卡宾枪发射9毫米（0.35英寸）弹药，采用33发装的一种顶置弹匣。

欧文（机）卡宾枪被认为可靠性更好，因而在1941年至1945年间共计生产了超过5万支。该枪由发明家伊芙琳·欧尼斯特·欧文（1915–1949）设计。反冲式的欧文（机）卡宾枪是同类型武器中唯一由澳大利亚人发明并用于二战的一种枪械。该枪于1943年进入澳大利亚现役军队中服役，发射9毫米（0.35英寸）手枪弹，由一具32发容弹量的可拆卸式弹匣供弹。二战期间共计生产了约50000支欧文冲锋枪，其中少量配发给了前往北非沙漠的澳军，大部分则发给了在西南太平洋岛屿丛林中与日军作战的部队。

▲ **澳司登（又译为奥斯汀）冲锋枪**

1944年配属于在新几内亚莱城的澳大利亚第1军第4师

澳司登冲锋枪是英国司登冲锋枪的一种带有前握把的澳洲改型。稍后，又有一种该枪的改进型，即M2冲锋枪和一种减缩版的改型得到运用。澳司登冲锋枪的制造过程中有些步骤是压铸完成的。

技术参数

制造国：澳大利亚
枪管长：196毫米（7.75英寸）
年份：1942
口径：9毫米（0.35英寸）
枪口初速：380米/秒（1246英尺/秒）
工作方式：反冲式
供弹方式：28发可拆卸弹匣
发射频率：500发/分钟
全长：845毫米（33.25英寸）
重量：3.98千克（8.75磅）
射程：50米（164英尺）

技术参数

制造国：澳大利亚
枪管长：247毫米（9.75英寸）
年份：1941
口径：9毫米（0.35英寸）
枪口初速：380米/秒（1247英尺/秒）
射程：70米（230英尺）
工作方式：反冲式
供弹方式：33发可拆卸弹匣
发射频率：700发/分钟
全长：813毫米（32英寸）
重量：4.21千克（9.28磅）

▲ **欧文机枪式卡宾枪**[①]

1945年4月配属于新不列颠岛的澳大利亚第5师

欧文（机）卡宾枪通常被称为欧文枪，是澳大利亚研制和生产的一款枪械。它于1943年初下发到部队中正式服役。其总产量为50000支，其中大部分部署在太平洋战场。

① 以下简称“欧文（机）卡宾枪”。

技术参数

制造国：英国
枪管长：196毫米（7.7英寸）
年份：1942
口径：9毫米（0.35英寸）
枪口初速：380米/秒（1247英尺/秒）
工作方式：自由枪机式
供弹方式：32发装可拆卸式弹匣
发射频率：500发/分钟
全长：762毫米（30英寸）
重量：2.95千克（6.51磅）
射程：70米（230英尺）

▲ 司登Mk II型冲锋枪

此枪在1943年1月发生的“新几内亚布纳-戈纳战役”中曾经参战

在严酷环境中，司登冲锋枪的适应性非常不好。它经常在丛林使用环境中卡壳或者是不受控制地哑火，因而在澳军士兵中名声奇差。

技术参数

制造国：英国
枪管长：640毫米（25.2英寸）
年份：1907
口径：7.7毫米（0.303英寸）
枪口初速：634米/秒（2080英尺/秒）
工作方式：旋转后拉枪机
供弹方式：10发固定弹匣，采用两只5发桥夹装填
全长：1133毫米（44.6英寸）
重量：3.93千克（8.625磅）
射程：500米（1640英尺）

▲ 李恩菲尔德弹匣式短步枪Mk III

英军第14集团军第7印度步兵师使用该武器参加了1944年2月的缅甸“若开邦兴泽维亚（Sinzweya）战役”

李恩菲尔德弹匣式短步枪Mk III型是英联邦各国军队在二战期间的主要步兵武器。这种旋转后拉枪机步枪是服役期限超长的系列武器中的一种，其某些特种用途的改型仍然服役至今。

▲ 李恩菲尔德5号步枪Mk I型（丛林卡宾枪）

1944年12月配属于在缅甸曼德勒的英国第14集团军第2营皇家诺福克团

该枪的非官方绰号是“丛林卡宾枪”，它于1947年停止服役。其发射的7.7毫米（0.303英寸）弹药能产生巨大的后坐力。

技术参数

制造国：英国
枪管长：478毫米（18.7英寸）
年份：1944
口径：7.7毫米（0.303英寸，使用英国警用制式弹药）
重量：3.24千克（7.14磅）
枪口初速：610米/秒（2000英尺/秒）
工作方式：旋转后拉枪机
供弹方式：10发弹匣
全长：1000毫米（39.37英寸）
射程：1000米（3280英尺）

美军：蛙跳夺岛战 1942–1945

美国海军陆战队在塑造太平洋中部战场的残酷战争中首当其冲。激烈争夺的滩头两栖登陆作战造成了大量伤亡。

当成群结队的登陆艇于1943年11月20日满载美海军陆战队第2师的部队冲向吉尔伯特群岛中的塔拉瓦环礁时，这些登陆艇遇到了未曾预见到的障碍。一道长长的珊瑚礁堤坝横亘在前方，只有少数几艘履带式登陆艇能够越过此障碍。坐在平底登陆艇里的那些陆战队员们不得不下船涉水走向滩头。在此期间他们一直遭受日军机枪和步枪重火力的打击。

虽然登陆前期遭到了这些困难，而且也有预计称美军可能会被日军反推回海里，塔拉瓦环礁的日军还是在激战76小时后被完全肃清了。陆战队员们协同美国陆军第27师一部共同把日军炸出了地堡和经过增强的碉堡及其他要点，在此过程中美军只抓到了寥寥几个俘虏。

塔拉瓦环礁之战是美军在太平洋中部开展的一系列两栖登陆作战的首战。在塔拉瓦环礁开战的同时，盟军也从澳大利亚开始向北突击巴布亚新几内亚和菲律宾。陆战队的参谋们从塔拉瓦环礁行动中学到了很多至关重要的知识，此战中共有超过1000名陆战队员牺牲，2100人受伤。

对滩头进行更精确细致的侦查可以使得进攻部队避免在上礁时遇到各种问题，在未来的行动中也需要更多登陆艇。空军和海军计划用轰炸来软化日军防御，但这些轰炸最终被证明大部分是毫无效果的。因而，他们改进了战术，采用俯射来摧毁敌军的混凝土工事。

▲ 丛林火力

在厚厚的热带雨林植物的掩蔽下，美国海军陆战队队员们携带的是一挺勃朗宁M1917A1型重机枪。1944年1月，美军正在向新不列颠岛格洛斯特角挺近，而此时的日军正在发动一次反突击。

海岛之路

尽管美军在夺取塔拉瓦环礁之后对自己的战术作了修改，海军陆战队员们通往东京的道路仍然需要一个又一个岛屿地进行激烈争夺战。当1945年2月美国海军陆战队第3、第4、第5师登陆硫磺岛时，他们面对的是由日军地堡、经过加固的机枪点等所组成的迷宫。这些建筑逐个地被美军直射火力、炸药包摧毁，或者被美军连同其内部人员一起封堵起来。环环相扣的日军火力阵地上的机枪、连绵不断的炮火和迫击炮给陆战队造成了惨重伤亡。最终，死亡人数为6800人，超过19000人受伤。

1945年2月23日，硫磺岛战役发起后第四天，一支陆战队战斗小组终于抵达了海拔170米（556英尺）的死火山“折钵山”山顶并竖起了星条旗。造就了太平洋战争中最著名的一幅照片。

摆在美军面前的，还有一个多月的艰苦战斗。（硫磺岛上）某些地方的日军顽强抵抗，使得该地被称之为“绞肉机”。每个日军士兵都挖了单兵伪装掩蔽坑，冷不丁地从地底下冒出头来朝正在推进的海军陆战队员们开枪。狂热的日军士兵成群结队地朝着美军战线猛冲并成批死亡。

冲绳远离日本本土达547公里（340英里）。美军在硫磺岛遭受了惨重的伤亡，漫长而代价巨大的冲绳战役期间，美军12000人阵亡，39000人受伤。这最终促使哈里·杜鲁门总统（1884–1972）决定在日本

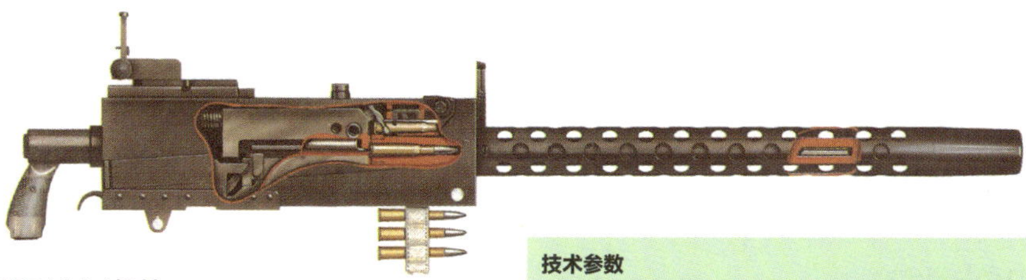

▲ **M1919A4机枪**

1942年9月在瓜达尔卡纳尔战役中配属于美国海军陆战队第1坦克营

勃朗宁M1919A4机枪为步兵提供了有效的火力支援，同时非常轻便，易于在战斗状态下随时转移。它是勃朗宁M1917机枪的一种改型。

技术参数

制造国：美国
枪管长：610毫米（24英寸）
年份：1936
口径：7.62毫米（0.3英寸）
枪口初速：853米/秒（2800英尺/秒）
工作方式：气冷后坐式
供弹方式：250发弹链
发射频率：400- 600发/分钟
全长：1041毫米（41英寸）
重量：14千克（31磅）
射程：2000米（6560英尺）以上

技术参数

制造国：美国
枪管长：266毫米（10.5英寸）
年份：1941
口径：11.43毫米（0.45英寸，使用M1911手枪弹）
枪口初速：280米/秒（920英尺/秒）
工作方式：延迟后坐式
供弹方式：12或25发弹匣
发射频率：500发/分钟
全长：787毫米（31英寸）
重量：2.89千克（6.37磅）
射程：120米（394英尺）

▲ **赖辛M55型冲锋枪**

1942年9月在瓜达尔卡纳尔战役埃德森岭战斗中配属于美国海军陆战队第1师第1伞兵营

它是一种简单小巧的轻型半自动卡宾枪，有时也被人称为冲锋枪。赖辛M55型发明于1940年，一直生产至二战结束。该枪是为了补充汤普森冲锋枪的不足而进入现役的，其枪托为折叠式。

广岛、长崎投下原子弹。

战争很快就结束了，1945年9月初，日本正式投降。原计划进攻日本本土的四岛战役万幸得以避免。如果真的发起这种入侵行动，日美双方都将遭受恐怖的伤亡。然而，盟军在太平洋战场胜利的决定性因素绝不是原子弹。盟军战斗部队人员的坚毅勇敢和他们配备的轻武器的出色性能才是胜利的关键所在。

前进火力

美国海军陆战队的战士们能在太平洋中部战区无可阻挡地向前推进，其重要原因之一应该归功于他们携带的轻武器的质量。M1伽兰德可以说是二战中最优秀的一款制式步枪。之所以这样说的原因很简单：当轴心国和除美国之外的其余盟国都还在使用旋转后拉枪机武器之时，作为气动式回旋枪机的M1步枪就已经半自动化了。它使用7.62毫米（0.3英寸）弹药，采用8发连排整体弹仓供弹。美军士兵和陆战队员们能够在约300米（984英尺）的距离上靠这种武器在一分钟内进行50次精确的射击。

近距离作战中，小分队一级作战单位的M1步枪的持续性火力被证明是威力巨大的。这种火力有时能够完全压倒日军部队火力。日军装备的是明治三十八年式（38大盖）旋转后拉枪机步枪或者99式友坂步枪。春田0.3英寸06型步枪弹的穿透力很强，能提供足够的停止作用。日军于20

▲ **M1伽兰德步枪**

1942年10月在瓜达尔卡纳尔战役中配属于美国海军陆战队第1团

M1伽兰德半自动步枪使美国海军陆战队拥有了持续性火力的优势。由于旋转后拉枪机步枪的发射频率远逊于半自动步枪，日军通常不能守住己方阵地。

技术参数

制造国：美国
枪管长：610毫米（24英寸）
口径：7.62毫米（0.3英寸，美制0.3- 06型弹药）
枪口初速：853米/秒（2800英尺/秒）
年份：1936
工作方式：气动式
供弹方式：8发内置式弹仓
全长：1103毫米（43.5英寸）
重量：4.37千克（9.5磅）
射程：500米（1640英尺）以上

▲ **M1卡宾枪**

1944年8月在关岛配属于美国海军陆战队第3师

尽管有些士兵抱怨说在持久战中，M1卡宾枪的停止作用略显不足；而在实战中，针对加固过的固定阵地和重兵防守阵地，却又需要重火力跟随部队携行。实战证明，M1卡宾枪仍然是一种适于丛林战的便捷而且结构紧凑的武器。

技术参数

制造国：美国
枪管长：457毫米（18英寸）
年份：1942
口径：7.62毫米（0.30英寸，美制0.3- 06型弹药）
枪口初速：595米/秒（1950英尺/秒）
工作方式：气动式
供弹方式：15或30发可拆卸式弹匣
全长：905毫米（35.7英寸）
重量：2.5千克（5.47磅）
射程：约300米（984英尺）

世纪30年代与中国作战时发动的“万岁冲锋”屡获胜利；但是与此相反，当他们遇到美国人的时候，“万岁冲锋”却遭到了失败。这时，他们面对的是配备了M1伽兰德步枪的美军所组成的恐怖火力之墙。该枪从1936年一直批量生产直至1963年，在此期间总计生产了约650万支。M1步枪是统一配发各军种部队的第一款半自动步枪。

M1卡宾枪是一款多用途半自动步枪，一般配发给诸如伞兵、汽车兵和坦克兵这样的轻装部队以及一些军官。尽管此枪与M1伽兰德一样发射的是0.3英寸（7.62毫米）口径卡宾枪弹药，它与M1伽兰德的唯一相同部件却只有一枚枪托底板螺丝钉。配发M1卡宾枪的目的是让那些侧翼梯队部队能够加强火力，使他们拥有比原配的二战时期手枪更强的武器。M1卡宾枪由3名美国陆军工程师设计并于1942年夏进入现役，它直至20世纪

美军1943–1944年“E”字头海军陆战队营

岗位	军官	人数
营部连队	12	125
营部分队	9	22
美国海军医疗分队	2	32
情报小组		12
后勤小组		6
通信排	1	39
连队队部		14
武器连	8	220
连队指挥部	3	38
迫击炮排	2	56
机枪排编制（共3个排）	1	42
步兵连（共3个连）	6	190
连指挥部	2	26
武器排		
排指挥部	1	3
迫击炮小组		16
机枪小组		19
步枪排编制（共3个排）		
排指挥部	1	6
步枪小队编制（共3队）		12
各级兵力共计953人	38	915

美国海军陆战队步枪小队1944年5月的编制

1944年美国海军陆战队的标准步枪小分队是完备的、火力强大的一级作战单位，内含13名步枪手。这13人配属于3个火力小组，其中有一人装备的是半自动版本的勃朗宁自动步枪（BAR），3人装备的是半自动型M1伽兰德步枪。小分队队长通常配备的是M1卡宾枪，而有些时候他也许也会配备一把汤普森冲锋枪或者是M3A1冲锋枪。步兵支援机枪通常会被部署于营级单位一级来提供额外的火力支援。

分队长（1支伽兰德M卡宾枪）

火力小组1
（3支M1伽兰德，1支勃朗宁自动步枪） 火力小组2 火力小组3

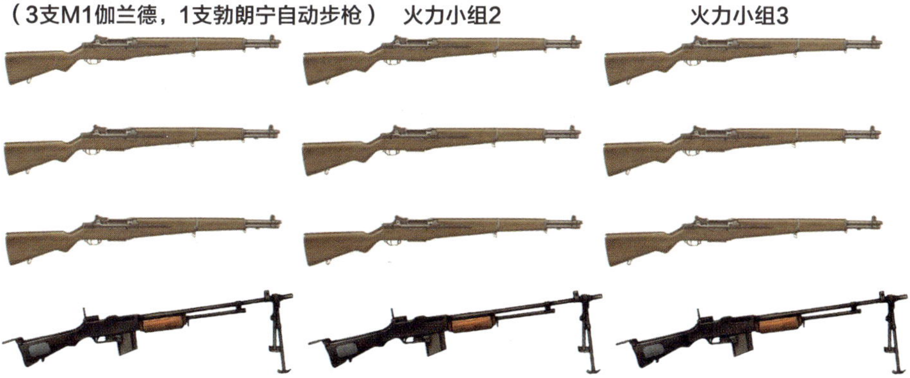

70年代仍被大量使用。它由容弹量15或30发的弹匣供弹。而其可调式全自动改型M2步枪则最快能以900发/分钟的速度倾泻火力。正当该型枪械因其轻便称手大获赞誉之时，其火力出现了问题。前线有士兵报告说他们手里的M1卡宾枪未能击倒接近中的敌军士兵。公允地说，M1卡宾枪本来设计的时候是不考虑前线用途的。而最终，它还是在种种场合下被用在前线战场上，它也被广泛运用于朝鲜战争和越南战争中。

海军陆战队火力小组一级的自动火力通常来自于一战中的经典枪械勃朗宁自动步枪（BAR）和汤普森冲锋枪。二战后期，M2和M3A1冲锋枪被大量制造出来并开始出现在战场上，其口径均为11.43毫米（0.45英寸）。M3和M3A1冲锋枪绰号“黄油枪”，于1944年进入现役，一直未能完全取代比它们老的早期枪械。

各种勃朗宁机枪

勃朗宁M1919A4型和M2HB型这两种机枪表现抢眼并最终帮助美军扭转了太平洋战场的局面。这些武器以及它们的更先进的改型为美军做出了巨大贡献，在瓜达尔卡纳尔岛顶住了日军的压力，维持住了美军战线。而且它们也在后来的“塞班岛”、“硫磺岛”等一系列战役中粉碎了日军“万岁冲锋”的狂潮，消灭了敌军抵抗的后续力量。

M1919A4型机枪在美国和北约的各类各级军事组织中得到了广泛运用，时间也长达半个世纪。第二次世界大战中，它作为步兵机枪、防空机枪和空射机载机枪的多用途性可圈可点。该型机枪是勃朗宁于1917年设计的老M1917型机枪的改进型号。M1919A4一直生产至1945年二战结束。这种枪管短行程后座作用的机枪每分钟能够发射600发7.62毫米（0.30英寸）弹药，由250发子弹一串的弹链供弹。尽管M1919A4最少可由两人操作，通常的M1919A4机枪班组为4人，包含：1名枪手，1名辅助枪手，1对弹药携带人员。机枪下放到排级单位使得连队指挥官能够在较低的战术层面拥有更灵活部署重火力的自由选择权。M1919A4机枪为气冷型机枪。它可安放在三脚架上，重量较轻，为14千克（31磅）。这使得该型机枪能够在战斗中胜任需要持续性重火力和低重量轻便可移动性的任务。

▲ **M1伽兰德步枪及其M11A2型枪榴弹**

1944年6月配属于美国陆军第40师，参与了“新不列颠岛战役”

这种配有枪射榴弹的M1伽兰德改型出现于二战中，而且它也是得到运用的“例外型号”。而伽兰德的狙击改型则没能参战，同时期推出的其他几种改型却参与了各种行动。

技术参数*

制造国：美国	年份：1936
枪管长：610毫米（24英寸）	供弹方式：8发整体式内置弹仓
口径：7.62毫米（英制0.30英寸，美制0.30- 06型弹药）	工作方式：气动式
	全长：1103毫米（43.5英寸）
枪口初速：853米/秒（2800英尺/秒）	射程：100米（328英尺，枪榴弹）
重量：4.37千克（9.5磅）	* 无榴弹状态下的步枪射程

M2HB机枪是一种12.7毫米（0.50英寸）口径的重机枪。由于自1921年起便开始批量生产，该型机枪总共制造了300万挺。多年来，针对该型机枪进行了一系列的改进，时至今日它依然是北约制式装备。原始版本的M2重机枪含有一个水冷套，而后来的一种改型取消了水冷枪套，改为气冷型。这导致了枪管在连续射击时很快过热，因而需要加厚枪管。于是到1933年，拥有改进型加厚枪管的HB型成功问世。

第二次世界大战中，弹链式供弹的M2HB机枪能够以575发/分钟的速度发射多种类型的弹药。作为一种步兵支援武器，它可以架在三脚架上使用，也可以装载在卡车、半履带车或坦克上使用。实战证明，这种机枪针对猬集一团的敌军杀伤作用明显。它配备的重装子弹也能击穿轻型装甲车辆或者击落低飞的敌军飞机。许多美军重装合成营和美国海军陆战队编队都装备有至少一挺勃朗宁M2HB机枪。尽管该

▲ 汤普森1928型冲锋枪

1945年5月的冲绳战役期间配属于美国海军陆战队第1水兵团第2营

第一款大规模列装部队的冲锋枪就是汤普森1928型。它与1921型几乎毫无二致，只是加装了简化版的延迟枪栓回弹系统。

技术参数

制造国：美国	供弹方式：18、20或30发容弹量的可拆卸长方形弹匣
枪管长：266毫米（10.5英寸）	工作方式：延迟枪栓回弹型
年份：1928	全长：857毫米（33.75英寸）
口径：11.43毫米（0.45英寸）	重量：4.88千克（10.75磅）
射速：700发/分钟	射程：120米（394英尺）
枪口初速：280米/秒（920英尺/秒）	

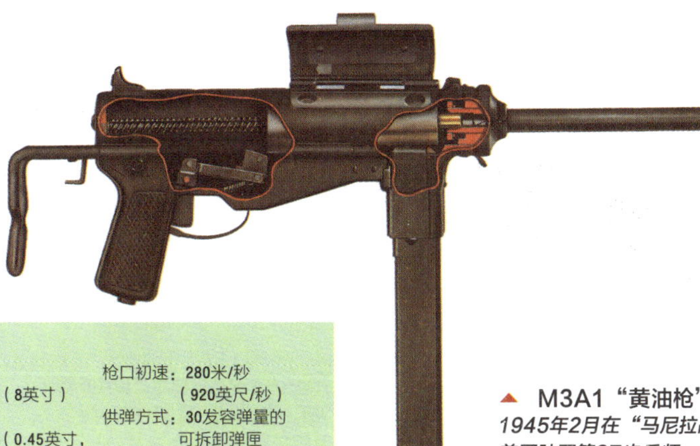

技术参数

制造国：美国	枪口初速：280米/秒（920英尺/秒）
枪管长：203毫米（8英寸）	供弹方式：30发容弹量的可拆卸弹匣
年份：1944	工作方式：自由枪机式
口径：11.43毫米（0.45英寸，使用0.45英寸口径，柯尔特自动手枪弹）	全长：745毫米（29.33英寸）
射速：450发/分钟	重量：3.61千克（7.95磅）
射程：90米（295英尺）	

▲ M3A1“黄油枪”

1945年2月在“马尼拉战役”中配属于美国陆军第37步兵师

M3A1“黄油枪”是M3机枪的改进型号，在二战结束前并未大量服役。其可拆卸式手柄内置了弹仓装填机构。

型机枪比太平洋战场上日军的任何一款机枪都要强大，其不适应丛林战的固有缺陷使得它未能得到广泛应用。该机枪带三脚架的全重大约为58千克（128磅）。即便如此，有些时候该型机枪还是被部署在防御性和静止性的战斗位置上。

火焰喷射器

夺岛战役是非常困难复杂的战斗，而火焰喷射器也往往是唯一能够把日军清除出蜂窝状洞穴、地下堡垒的东西。这是一种特别能制造恐慌的武器。美国海军陆战队也在使用火焰喷射器一事上变得越来越得心应手，尤其是在硫磺岛战役期间。M2–2型随身火焰喷射器于1943年装备美军，用来替代战争稍早时候美军使用的M1型和M1A1型火焰喷射器。其非常容易被识别，3个燃料箱是它的显著特征（其中两个装有汽油，第三个装有氮燃料）。其喷嘴凸出而显著，配有双排把手。M2–2能以2.27升/分钟（4品脱）的速度向外喷出火焰，有效距离为20米（65.5英尺），持续燃烧时间为47秒。

尽管这是种在近距离内尤其有效的武器，也可以通过烧伤或是消耗密闭空间中的氧气而杀伤敌军，但是如果要让单个士兵操作这一武器就太困难了，因为敌军部队将瞄准这些“背上有罐子的家伙”。喷火坦克的出现使得单兵便携火焰喷射器的作用趋于荒废，尽管我们还是能够看到有些便携火焰喷射器被部署在朝鲜战场或是越南战场上，但其意义已经不大。

▲ **半自动武器**

持有M1半自动卡宾枪的士兵正在等待向前进发的战场信号。照片是在1944年7月的从日军手中收复关岛的战役中拍摄的。

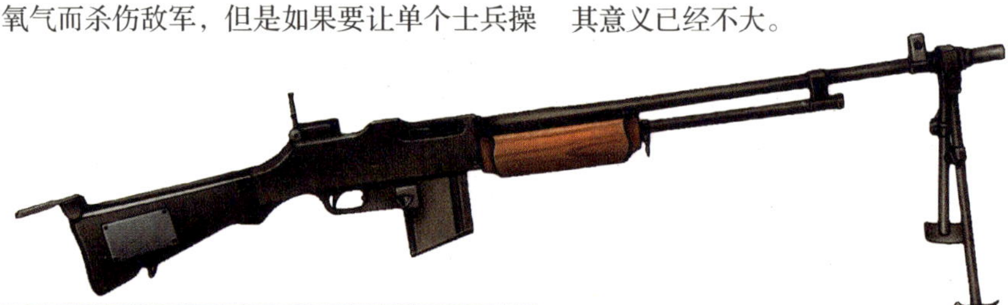

技术参数

制造国：	美国	供弹方式：	20发直下式弹匣
枪管长：	610毫米（24英寸）	射速：	500- 600发/分钟
年份：	1938	全长：	1215毫米（47.8英寸）
口径：	7.62毫米（0.3英寸）	重量：	8.8千克（19磅）
枪口初速：	860米/秒（2822英尺/秒）	射程：	1000- 1500米（3280- 4921英尺）
工作方式：	气动式、倾斜式后膛锁闭块锁闭		

▲ **M1918A2型勃朗宁自动步枪（BAR）**

1945年3月在硫磺岛战役中配属于美国海军陆战队第3师第24团

勃朗宁自动步枪为海军陆战队最底层的步兵战斗单位（即火力小组）提供半自动火力支援。尽管这是一种重型装备而它的两脚支撑架的价值又很成疑问，BAR还是成了整个二战中主要的步兵武器。

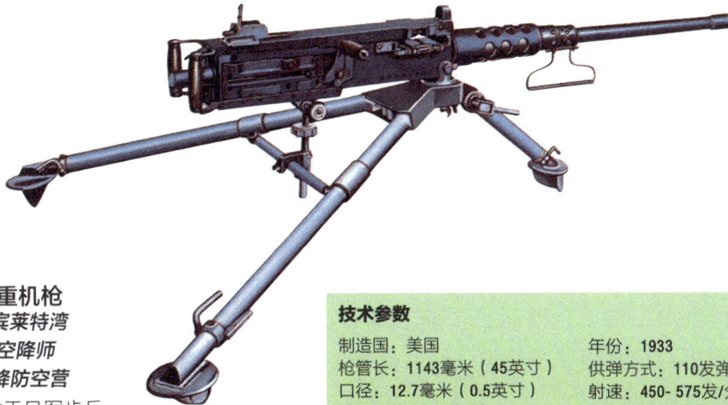

勃朗宁M2HB重机枪

1944年12月在菲律宾莱特湾配属于美国陆军第11空降师"天使师"第152空降防空营

勃朗宁M2HB重机枪对于日军步兵和轻型车辆的杀伤巨大。由于其重量很重，二战中，该型机枪在战场上基本部署在防御性位置。

技术参数

制造国：美国
枪管长：1143毫米（45英寸）
口径：12.7毫米（0.5英寸）
枪口初速：898米/秒（2950英尺/秒）
工作方式：气冷式、枪管短行程后坐作用式
年份：1933
供弹方式：110发弹链
射速：450- 575发/分钟
全长：1655毫米（65英寸）
重量：38.5千克（84磅）
射程：1800米（5905英尺）

M2-2型火焰喷射器

1945年3月间配属于参加硫磺岛战役的美国海军陆战队第3师第21团

火焰喷射器是一种令人恐惧的武器，对付日军据点和藏匿在洞中的日军非常有效。然而，其射程有限，操作这一武器的陆战队员也承担了额外的风险。

技术参数

制造国：美国
燃料容量：18.2升（4加仑）
年份：1943
喷火持续时间：8- 9秒
重量：30.8千克（68磅）
喷射距离：20- 40米（65.5-132英尺）

词汇表

枪机

武器中含有撞针或击锤的部分，位置靠近装填完毕后枪管的后膛部位。

自由枪机式[①]

在枪机并非固定在枪管上的那些活动式枪械种类中，枪机因膛压而被反推并使得枪支完成复位动作。[②]

后膛

枪管后部。

闭锁机

封闭枪管后膛的另外一种机构，一般是一块较大的方形金属块而非圆柱形枪栓。

卡宾枪

英文名称来源于西班牙语，指骑兵使用的短火绳枪。后指专为骑兵、炮兵等兵种设计的普通步枪缩短型；二战时期也有专门设计的枪械，采用减威力弹药。在现代，卡宾枪一般指突击步枪的进一步缩短型，主要用于特种部队、特警等特殊的单位。

药室

枪管后部末端的部分，待击发的弹药就置于此处。

关闭式枪机

一种击发机构，在扳机扣动前，闩件在弹药近处关闭。这种机构通过减轻发射时枪支部件的前冲运动来提高枪支的稳定度。

延迟反冲

延迟反冲系统机构加装在防后坐力系统上，这样可以使膛压在后膛开启前降至安全水平。

双重动作系统[③]

这与那些通过拉起击锤并随后扣动扳机的手枪有关。也可以通过一次性长扣扳机到底的方法来发射这些手枪。这时，拉起击锤和点火发射的动作一次性连贯完成。

气动系统[④]

带有气动系统的枪支利用枪管排气进行自动复位。枪管中排出的气体遇到枪栓或活塞的反作用，推动其向后运动。枪支由此复位，为下一发子弹发射做好准备。

通用机枪

这一术语是“为通用目的装备的机枪”的缩略语，指的是多用途机枪。

重机枪

该术语是“重型机枪”的缩略语。

---

① 简称反冲式，又译为后喷式。

② 此处作者的意图不太明确，应该将反冲作用解释为：后于弹发射药瞬间产生气体膨胀向前将弹头推出枪管后，向后的推力将枪机打开与推后，以进行自动退壳与上膛。最常见的开放式枪机分为三大类，全部采用子弹发射药气体余压，完成自动退壳与上膛操作，它们是直接反冲式枪机、提前击发式枪机和延迟反冲式枪机。

③ 即双动式系统。

④ 即各种导气系统。

轻机枪

该术语是“轻型机枪”的缩略语。

锁闭

该词语被用来描述当枪支准备完毕，可以发射时，枪机或后膛部分机构在药室后端是如何锁闭的。

枪管长行程后坐作用

在枪械的后坐往复运动中，这是一种行程较长的方式。枪管和枪机后坐的行程比弹壳要长，而在此过程中，退出弹壳和装填则自动完成。一般称为枪管长后座。

枪口消焰器[①]

枪口或炮口附件，可使得口焰偏移变向，因而能减轻后坐整体后移的幅度。

开放式枪机

这是一种在枪机上使用的机械装置，能够使得枪机与弹药之间在扳机扣动前留有一定空隙。有利于击发间隙的枪支进行散热。

枪机连杆总成[②]

即指枪械主体中，内含枪支的主要动作部件的那一部分。

后坐力

弹药发射前，由于爆炸推动力而产生的回馈力。

后坐式动力系统

枪械的枪管和枪机复位动力来自于发射后坐力。枪管和枪机都由于后坐力而向后运动一定距离，然后枪管先行停止，此时枪机仍在后退以完成弹药重装和弹仓复位准备动作。

自装填

指一次扣动扳机即可使枪支开火，随后自动完成重装弹的枪械动作系统。

锥形装药

该装药方法专用于反装甲目的。锥形装药能使爆炸物战斗部的超高温气体形成气锥，将其作用力施加于目标的一个集中点上。也可被称为空心装药。

枪管短行程后坐作用

一种短程的、经过压缩的后坐往复运动形式。枪管和枪机都由于后坐力而向后运动一定的距离，该距离比弹药运动的距离短。然后枪机的运动先行停止，枪机分离后，弹药持续运动，完成弹药重装和弹仓复位准备动作。一般称为枪管短后座。

冲锋枪

冲锋专用型枪械的缩略语。

① 或炮口制退器。
② 简称枪机总成，即俗称的机匣。

进阶阅读书目

图书：

克里斯·詹特 著《轻兵器》，锡尔弗代尔图书，2003版。

马丁·J·多尔蒂 著《轻兵器图片百科》，琥珀图书，2011版。

马丁·J·多尔蒂 著《自南北战争至今的轻兵器》，巴恩斯&诺贝尔图书，2005版。

飞利浦·克莱格 著《世界最伟大的轻兵器》，巴恩斯&诺贝尔图书，2002版。

查尔斯·斯特朗 著《狙击手在行动》，琥珀图书，2010版。

斯蒂芬·J·扎洛加，尼斯·S·勒兰德 著《1939–1945年红军手册》，萨顿出版社，1998版。

有益网站：

http：//www.bayonetstrength.150m.com

提供二战所有主要参战国的营以下单位组织详细解析，也包含一部分对此时期轻兵器的介绍。

http：//www.historyofwar.org/index.html

对战事、武器、战斗的详细而广泛的一般性指南。包含一部分有助于理解一战和二战的内容。

译者附注

由于导气式枪械工作方式可分为四种五类，而原著作者未详细说明每种枪械属于何种导气式分型，所以中文版译者在枪械配图下的技术参数一栏中统一将各种不同导气式枪械的工作方式译作“导气式”，请读者留意。下面列出分类及其依据请读者参考：

第一种依赖活塞原理进行枪机运作的方式，亦即透过导流使气体推动活塞，活塞连动枪机，透过这一连串的程序完成枪支的自动/半自动运作。活塞的运作以行程为主，以行程移动距离的长短划分，而非以活塞的重量或者大小划分。

第二种利用“收集”子弹的高压气之后再导流进入汽缸推动活塞或整个枪管连动到枪机进而完成枪支的自动/半自动运作。

第三种利用第二种“收集”气体的原理进行推动枪管连动枪机完成枪支的自动/半自动运作。

最后一种是经由气导管导流气体向后“吹送”枪机完成枪支的自动/半自动运作。

因此我们大约可以分为：

短行程活塞传动式（Short stroke）；

长行程活塞传动式（Long stroke）；

气井集气操作（Gas trap）；

枪口增压器（Muzzle booster）；

气吹式导气（Direct impingement，也称为Direct Gas Action）。

另，本文中的人名、地名及武器译名，凡有固定官方或约定俗成的汉语通用译名的，用通译，不再加注原文；无固定中文翻译的，用意译或音译并加注原文。

又，德国“卢格”的原文拼写是Luger，确实有部分德国卢格公司的产品被译作“鲁格手枪”；而美国另有一家公司叫儒格（又译为鲁格）公司，其英文拼写是Ruger，该公司产品也有被译为“鲁格手枪”的。两者发音相近、部分译名相同，在各种中文资料中已经产生了混乱和混淆。本书音译时为加以区分，对Ruger的翻译采用为儒格，而将Luger的翻译为卢格。敬请各位读者注意。至于卢格手枪弹，也有译为巴拉贝鲁姆手枪弹的，两者为同一种弹药。

Parabellum（巴拉贝鲁姆），即卢格手枪弹。这个词指的是由德意志武器弹药制造公司（DWM, Deutsche Waffen-und-Munitionsfabrik）设计发展的枪支弹药，其由来是该公司的电报地址：柏林·巴拉贝鲁姆。它来自拉丁谚语："Si vis pacem, para bellum"——“如果想要求得和平，必先准备战争”。以这个名称知名的有现今被广泛使用的手枪弹：9mm Parabellum，另外还有7.65mm Parabellum手枪弹（有时也可供步枪使用）。

再及，英文资料中，苏军的步兵师都写作rifle division，而非infantry division，一些国内翻译材料中直接对等为步枪师。但这种对等翻译实际上是错误的。在俄文中，步枪一词是Винтовка，而步兵则有三个词：Пехота、Инфантерия和Стрелковые войска，在苏联元帅奥加尔科夫主编的《军事百科词典》中对这三个词的解释分别是：

1. Пехота，陆军最古老的一个兵种，产生于远古时代，在古希腊和古罗马得到较大的发展，在古希腊时既出现了轻步兵、中步兵和重步兵，1963年起，苏联武装力量的步兵称作摩托化步兵；

2. Инфантерия，来自意大利语infanter í a，源于infante（青年、步兵），对应英文是infantry，起初用作一些外国步兵的名称，俄国在18世纪至20世纪初将其与Пехота同等使用；

3. Стрелковые войска，18世纪初至20世纪前半期许多欧洲国家（俄罗斯、普鲁士、奥匈帝国、法国、英国等）武装力量中步兵分队、部队和兵团的统称，1918年末至20世纪60年代初苏联武装力量陆军所有步兵的名称（后改编为摩托化步兵）。苏军中步兵师称作стрелковой дивизии，前面的词是Стрелъба（射击）的派生词，而Стрелъба是由Стрела（箭）演化而来的，直译为射击师。在俄罗斯历史上，“射击军”——Стрелецкое войско——是个很古老的名词，它是俄国历史上第一支常备军，存在于16世纪中叶至18世纪初，装备火铳和钺。1698年，由于不堪农奴主的压迫、勤务繁重和射击军长官的专横跋扈，被调往大卢基的4个莫斯科团的射击兵（约4000人）罢免了自己的指挥官并向莫斯科开进。他们暗地里和监禁在圣母修道院的索菲娅·阿列克谢耶夫娜公主建立了联系，并准备惩治贵族和“外国人非国民”。1698年6月18日，起义军在新耶路撒冷修道院附近被沙皇军队击溃。1698年至1699年期间，1239名射击兵被处死，大量的射击兵被流放。对射击兵的审理和处决一直持续到了1707年。18世纪初，在彼得一世的命令下解散了射击军。俄罗斯画家瓦西里·苏里科夫于1881年完成的名作《近卫军临刑的早晨》（Утро стрелецкой казни）反映的就是这一事件，实际上应该译作《射击军临刑的早晨》。

指文图书®
ZVEN BOOKS

东线文库

二战苏德战争研究前沿

云集二战研究杰出学者

保罗·卡雷尔、约翰·埃里克森、戴维·M.格兰茨、尼克拉斯·泽特林、普里特·巴塔、斯蒂芬·巴勒特、斯蒂芬·汉密尔顿、厄尔·齐姆克、艾伯特·西顿、道格拉斯·纳什、小乔治·尼普、戴维·斯塔勒、克里斯托弗·劳伦斯、约翰·基根……

（扫码获取更多新书书目）

指文图书®
ZVEN BOOKS

海洋文库

世界舰艇、海战研究名家名著

“谁控制了海洋，谁就控制了世界。”
——古罗马哲学家西塞罗
英、美、日、俄、德、法等国海战史及
舰艇设计、发展史研究前沿

（扫码获取更多新书书目）

指文图书®
ZVEN BOOKS

战争艺术

国外古战研究名家名著

战争是一种令人恐怖、充满激情的艺术，
战争艺术诞生于少数伟大统帅头脑中
谁掌握了战争艺术，谁就掌握了胜利！

我们只做军事

世界军服图解百科丛书

HTTP://ZVENBOOK.COM

《罗马世界甲胄、兵器和战术图解百科》

★军事史视角下的部落与帝国，西方冷兵器时代的视觉盛宴。
★超过600幅精美彩色手绘插画及历代地图、布阵图、油画、雕塑、遗址照片，打造出罗马军事历史的百科全书。
★包括罗马人、伊特鲁里亚人、撒姆尼人、迦太基人、凯尔特人、马其顿人、高卢人、日耳曼人、匈人、波斯人与突厥人等民族，全面展现古代地中海世界的军事传统与战争艺术。

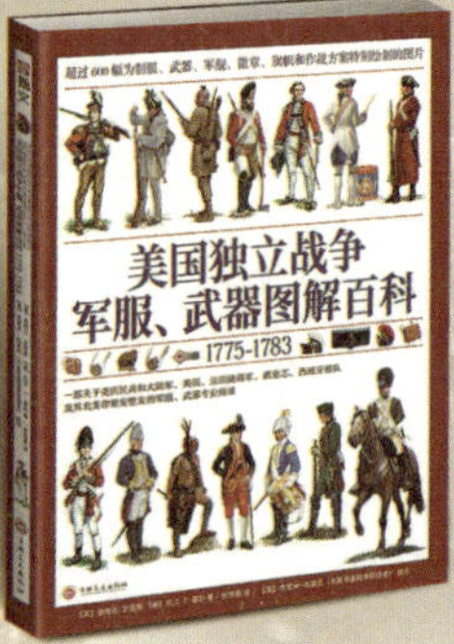

《美国独立战争军服、武器图解百科1775—1783》

★美国独立战争，北美殖民地革命者奋起反抗剥削的战争，这是一场激烈的斗争，这是一个国家的锻造。
★超过600幅为制服、武器、军舰、徽章、旗帜和作战方案所特别绘制的彩图。
★一部关于美国民兵和大陆军，英国、法国陆海军，德意志、西班牙部队及其北美印第安盟友的军服、武器专业指南。

《拿破仑时期军服图解百科》

★600多幅高清插图（制服、装备、历史场景、作战图），50多张表格（各团制服的区别）。
★以图文结合的方式展示了奥地利、大不列颠、法兰西、普鲁士、俄国、美国和其他相关部队制服和徽章的细节。
★简明扼要地描述了拿破仑战争的进程，分析了政治背景、具有里程碑意义的交战。

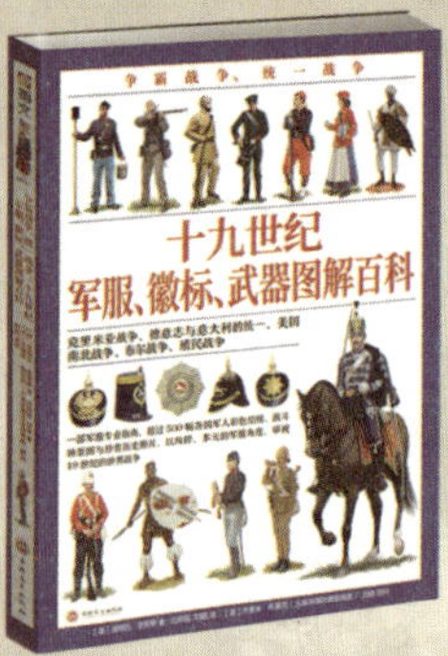

《十九世纪军服、徽标、武器图解百科》

★列强争霸时代的艺术之花，各国史实军备的图文解读。
★超过500幅精美彩色手绘插画，展现克里米亚战争、德国与意大利统一战争、美国南北战争、布尔战争与殖民战争中各国军队的细节。
★包括英国、法国、俄国、普鲁士、奥地利、意大利、美国、非洲、印度、中国等，展示19世纪的多元军事文化。

《第一次世界大战军服、徽标、武器图解百科》

★一战时期诸多参战国制服及相关装备的专业指南。
★超过550幅精美彩色手绘插图及150多张战场实地照片。
★战争中的制服、装具、武器、徽标、战场地图、作战计划。
★20万字精心制作，力求在百年之后重新还原战争的点点滴滴，为你勾勒出英、法、俄、美、德、奥匈、奥斯曼等诸多参战国军队当年的风采。

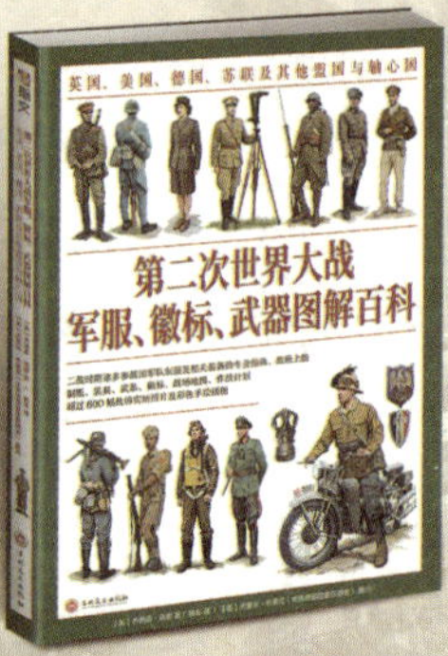

《第二次世界大战军服、徽标、武器图解百科》

★二战时期各主要参战国军队的制服及相关装备，从细节上再现人类历史上规模最大的全球战争。
★超过600幅精美彩色手绘插画及照片，精心还原战争中的军服、徽标、武器。
★囊括盟国与轴心国两大阵营，涉及英、美、德、苏、中、法、日等多国军队。